DE LA

VISION DISTINCTE

A DES DISTANCES VARIABLES,

AU POINT DE VUE PHYSIOLOGIQUE

ET AU POINT DE VUE PATHOLOGIQUE.

RIGNOUX, IMPRIMEUR DE LA FACULTÉ DE MÉDECINE,
rue Monsieur-le-Prince, 31.

VISION DISTINCTE

A DES DISTANCES VARIABLES,

AU POINT DE VUE PHYSIOLOGIQUE

ET AU POINT DE VUE PATHOLOGIQUE,

PAR

J.-A. MAURIZOT,

Docteur en Médecine de la Faculté de Paris.

————◦✦◦————

PARIS.

L. LECLERC, LIBRAIRE,

rue de l'École-de-Médecine, 14.

1861

DE LA

VISION DISTINCTE

À DES DISTANCES VARIABLES,

AU POINT DE VUE PHYSIOLOGIQUE

ET AU POINT DE VUE PATHOLOGIQUE.

PRÉAMBULE.

L'œil et la vision ont beaucoup exercé la sagacité des investigateurs. A toutes les époques, des anatomistes, des physiciens et des mathématiciens éminents, en ont fait l'objet de leurs recherches. Leurs efforts n'ont pas été stériles ; ils ont souvent produit, au contraire, des découvertes brillantes et inattendues, qui ont rempli le monde savant d'admiration, et jeté une vive lumière sur la question jadis si obscure des fonctions oculaires. Aussi il y a loin des idées des physiologistes actuels, sur les phénomènes de la vision, à celles que professaient, sur le même sujet, les philosophes de l'antiquité.

On ne croit plus au souffle visuel des stoïciens, lancé par les yeux sur le corps observé ; ni au feu invisible des pythagoriciens, allant de l'œil palper les objets ; ni aux simulacres de Leucippe, flottant autour des corps et arrivant à l'âme en passant par l'organe de la vue ; ni au cône lumineux d'Euclide, Ptolémée et Héliodore, partant de l'œil et enveloppant l'objet regardé ; ni aux effluves d'Empédocle, sortant à la fois des yeux et des corps et allant à la rencontre les unes des autres. On n'admet plus, comme on l'a fait pendant si longtemps, que le glacial (cristallin) soit l'organe essentiel de la vision, celui qui reçoit l'impression.

Ces conceptions, la plupart bizarres, toutes gratuites, ont fait place à des doctrines fondées sur des faits positifs, ou, au moins, sur des hypothèses rationnelles. Il y a plusieurs siècles qu'on s'accorde à considérer la lumière comme une émanation des corps seulement, et non des yeux, ni des corps et des yeux à la fois. On sait depuis Alkazen que la réfraction joue un rôle dans les phénomènes visuels. A Kepler remonte la démonstration d'un fait capital pressenti par Porta et Léonard de Vinci, à savoir : la formation de l'image des corps extérieurs sur le fond de la cavité oculaire.

Cette dernière découverte eut une portée immense. Elle établit les deux phénomènes fondamentaux de la vision ; la formation et la sensation de l'image. Elle montra que le sens de la vue est constitué par deux appareils bien distincts : un appareil d'optique, une véritable chambre noire, destinée à peindre l'image sur sa paroi postérieure ; un appareil sensoriel, destiné à recueillir l'impression de l'image et à la transmettre au cerveau. Il ne restait plus dès lors qu'à approfondir l'étude de chaque appareil. Mieux déterminer, d'une part, le nombre, le jeu et le rôle des organes formateurs de l'image ; mieux préciser, d'autre part, la structure et le mécanisme fonctionnel de la partie sentante, et de la partie conductrice de la sensation : telle est la double tâche qui incombait aux observateurs. On va voir qu'ils n'y ont pas failli, et qu'aux conquêtes précédentes ils en ont ajoutées d'autres guère moins utiles ni guère moins glorieuses.

Voici, d'un côté, les connaissances que nous devons aux investigations de Brewster, Yong, Cramer, Helmholtz, Brucke, Bowmann, etc. etc. La chambre noire oculaire est formée de trois membranes, la sclérotique, la choroïde et la rétine qui en constituent les parois; d'un appareil dioptrique composé de la cornée, de l'humeur aqueuse, du cristallin, et de l'humeur vitrée; d'un diaphragme, l'iris. La sclérotique, la plus extérieure des trois membranes oculaires, épaisse, dense, résistante, est surtout un organe de protection. La choroïde, intermédiaire à la sclérotique et à la rétine, formée par des vaisseaux et du pigment, préside à la nutrition de l'œil et absorbe les rayons lumineux qui ont pénétré dans la cavité oculaire. Cette absorption n'est pourtant pas complète; une partie de la lumière qui a frappé la choroïde est réfléchie et ressort par l'ouverture pupillaire; c'est à ce fait que le médecin oculiste doit l'une des inventions les plus utiles à son art, celle de l'ophthalmoscope. La rétine est la plus intérieure des trois membranes de l'œil; c'est sur elle que se peint l'image. La cornée, l'humeur aqueuse et l'humeur vitrée, peuvent être considérées comme un seul milieu, plus réfringent que l'air, dont les différentes couches ont à peu près le même indice de réfraction, remplissant toute la cavité oculaire et terminé en avant par la surface cornéenne antérieure. Le cristallin, dont toutes les lamelles ont une réfringence supérieure à celle du milieu précédent dans lequel il est inclus, a une action propre et isolée, telle qu'elle serait s'il était placé dans l'air. Le rayon de courbure des faces cornéennes est invariable. Celui de la face cristallinienne postérieure est plus court que celui de la face antérieure; l'un et l'autre le sont d'autant plus que l'œil regarde à une distance plus rapprochée, grâce aux contractions du muscle ciliaire qui entoure les bords du cristallin. Il est facile de juger d'après cela quelle doit être la marche de le lumière à travers les milieux transparents de l'œil. Tout rayon tombant sur la cornée et réfracté par elle se rapproche de l'axe antéro-postérieur du globe oculaire; il s'en rapproche encore lorsqu'il franchit la face antérieure et surtout la face postérieure de la lentille cristalline, et d'autant plus dans ces deux points que la vision s'exerce à une distance moindre. L'iris est un petit muscle immergé dans l'humeur aqueuse , formé de fibres radiées et de fibres circulaires, percé à son centre d'une ouverture, la pupille, qui se rétrécit d'autant plus que les corps extérieurs sont plus lumineux et que l'objet observé est plus rapproché.

Voici, d'un autre côté, ce que nous ont appris les travaux de Brewster, Weathstone, Serres (d'Uzès), etc. etc. L'impression a lieu sur la rétine, contrairement à l'opinion de Mariotte, Lecat et Lehot. Elle est transmise au sensorium par le nerf optique. La durée de l'impression et de sa transmission est variable, mais toujours assez longue; elle donne naissance à un grand nombre d'illusions, rend compte des images consécutives et constitue le principe sur lequel repose la construction de plusieurs instruments d'optique et entre autres du phénakisticope. L'impression se propage un peu autour des points frappés par la lumière; ce qui explique les images et les couleurs par irradiation. La sensibilité de la rétine est unique et spéciale ; quel que soit l'excitant qui la réveille , elle ne répond que par des images lumineuses. Celles-ci sont désignées par les noms d'images subjectives ou de phosphènes, lorsqu'elles sont produites par un stimulant autre que la lumière. La vision des petits détails a une limite, parce que les éléments nerveux de la rétine ont des dimensions finies et mesurables. La faculté de percevoir le relief des corps résulte du concours de plusieurs conditions. Elle est due surtout à ce que les images dessinées dans les deux yeux par un même corps représentent des projections de celui-ci, un peu différentes l'une de l'autre; c'est sur ce fait qu'est fondé le stéréoscope. Elle provient aussi de ce que les différentes parties de la surface d'un solide, et par conséquent de son image rétinienne, sont diversement éclairées; c'est sur cet autre fait qu'est fondé le pseudoscope. Nous jugeons de la distance et des dimensions d'un objet par sa position et l'intensité de son éclat relativement aux autres corps du champ visuel, par l'énergie de l'effort accommodatif nécessaire pour le voir distinctement, par l'ouverture de son angle visuel et par le degré de convergence des axes optiques.

Malgré le nombre et l'importance des découvertes dont nous venons de donner une énumération rapide, il y a encore dans la physiologie oculaire bien des *desiderata*, bien des points douteux qui appellent des éclaircissements. On est encore divisé sur la question de savoir si l'appareil réfringent de l'œil est ou non achromatique et aplanétique. Pour expliquer la vision droite des objets malgré le renversement de leurs images rétiniennes, on n'a émis jusqu'à présent que des hypothèses dont aucune ne satisfait l'esprit. La vue simple avec les deux yeux était depuis longtemps considérée comme le résultat de la semi-décussation des nerfs optiques dans le chiasma et de la position inverse de points identiques dans les deux rétines, c'est-à-dire, de points ne pouvant transmettre simultanément à l'encéphale qu'une seule et même impression ; les expériences stéréoscopiques sont venues dans ces dernières années fortement ébranler cette doctrine.

Des lacunes et des inexactitudes nombreuses existent aussi dans la partie de l'histoire des fonctions oculaires qui a trait aux conditions et au mécanisme de la vision distincte à des distances variables. C'est ce qu'on présumera tout d'abord en se rappelant la diversité des théories qui se partagent encore, sur ce point, la faveur des physiologistes. Nous avons omis, dans le court résumé que nous avons tracé des progrès et des *desiderata* de la science, ceux qui sont relatifs à cette question, parce qu'ils doivent longuement nous occuper dans la dissertation que nous allons entamer. Voici, en effet, le programme de notre travail : Nous signalerons, dans une première partie, les erreurs que nous croyons contenues dans les théories de la vision distincte qui, aujourd'hui encore, comptent, à tort ou à raison, des partisans. Nous exposerons, dans une deuxième partie, les conditions et le mécanisme de la vision distincte à des distances différentes. Enfin, dans une troisième et dernière partie, nous aborderons quelques points des maladies fonctionnelles dans lesquelles ces conditions ne sont plus régulièrement remplies.

PREMIÈRE PARTIE.

Des erreurs contenues dans les diverses théories de la vision distincte aujourd'hui admises.

Afin d'être aussi complet et aussi bien compris que possible dans l'exposition des inexactitudus dont nous paraissent entachées les diverses théories de la vision distincte qui jouissent aujourd'hui de plus ou moins de crédit, nous esquisserons rapidement le tableau de chacune de ces dernières et nous en signalerons, chemin faisant, les points défectueux. Ces théories ont des traits communs et des traits propres à chacune d'elles ; nous les tracerons séparément, les premiers d'abord et les autres ensuite.

§ 1er.

ERREURS COMMUNES AUX DIVERSES THÉORIES DE LA VISION DISTINCTE.

Après avoir exposé les points communs aux différentes théories de la vision distincte encore admises aujourd'hui et avoir appelé l'attention sur ceux qui nous paraissent inexacts, nous rapporterons quelques expériences à l'appui de notre manière de voir.

Supposons qu'un corps, placé à la portée de la vue, produise sur notre rétine l'impression qui, transmise au cerveau, et perçue par celui-ci, constitue le phénomène de la vision ; en un mot, supposons que nous voyons ce corps. Tous ses points éclairés ou lumineux rayonnent de la lumière dans toutes les directions ; conséquemment, parmi ces points, chacun de ceux qui sont situés du côté de notre œil envoie dans l'intérieur de celui-ci un cône de rayons lumineux. Après avoir traversé, en éprouvant plusieurs réfractions successives et de même sens, les différents milieux oculaires, ces rayons rencontrent la rétine, sur laquelle ils dessinent une image du point d'où ils émanent. Les images des différents points dont une partie de la lumière pénétre dans notre œil, forment, en se juxtaposant, une image totale et renversée de l'objet aperçu.

Voilà ce qu'enseignent les physiologistes et que nous adoptons volontiers. Voici ce qu'ils ajoutent et que nous ne saurions admettre.

L'image focale d'un objet est seule perçue nettement ; il faut, par conséquent, pour que celui-ci soit vu distinctement, que son foyer soit sur la rétine. Or tout œil bien organisé voit nettement à des distances très-diverses ; d'autre part, dans toute chambre obscure dont l'appareil lenticulaire est fixe dans sa position, et invariable dans sa forme, le foyer conjugué se rapproche de celui-ci quand l'objet s'éloigne, et s'en éloigne quand l'objet se rapproche. Il découle forcément, de ces deux faits, que notre œil se modifie suivant la distance de l'objet observé de manière à toujours faire coïncider l'image focale de celui-ci avec le plan rétinien. On appelle accommodation, adaptation, ajustement, les changements instinctifs qui s'opèrent dans les parties constituantes du globe oculaire à l'effet d'amener sur la rétine le foyer de l'objet observé. L'œil, dont la vue est normale, peut s'accommoder pour la vision à toutes les distances comprises entre l'infini et un point très-rapproché. Des yeux qui ne peuvent s'ajuster que pour la vision à de petites distances sont myopes ; ceux qui ne peuvent s'adapter qu'à la vision des objets éloignés sont presbytes.

Tous ces faits, à savoir : que l'image focale de l'objet est la seule perçue nettement, que le foyer d'un objet vu distinctement se trouve toujours sur la rétine, que l'accommodation a toujours pour effet de faire coïncider ce foyer avec la rétine, que la myopie consiste dans l'impossibilité d'amener, sur la rétine, le foyer des corps éloignés, et la presbytie dans l'impossibilité d'amener, sur cette membrane le foyer des objets rapprochés ; tous ces faits, croyons-nous, sont erronés. C'est ce que nous allons essayer de démontrer par des expériences qu'il sera facile à chacun de répéter.

1re *expérience.*—Fixez votre regard sur un objet placé à une distance assez grande pour que vous puissiez le voir distinctement, et en même temps portez votre attention sur les corps qui l'avoisinent. Cet objet ne sera pas le seul que vous aperceviez nettement. Vous verrez de la même manière tous ceux qui se trouveront compris entre deux limites, d'autant plus rapprochées l'une de l'autre que le corps observé sera moins distant, mais toujours néanmoins assez écartées. Prenez, par exemple, deux épingles bien effilées, placez-en les pointes à côté l'une de l'autre et rapprochez-les peu à peu de l'un de vos yeux pendant que vous tenez l'autre fermé. Arrivées à une certaine distance de votre œil, à environ $0^m,11$, s'il est normal, elles ne pourront la franchir sans que les pointes cessent d'être vues distinctement, sans que celles-ci paraissent se dédoubler. Maintenez-en une fixement en ce point, et votre regard fixement sur elle ; en même temps, faites rétrograder l'autre très-lentement : la pointe de celle-ci ne deviendra trouble, ne semblera se dédoubler que lorsqu'elle sera séparée de celle de la première par une distance de 2 ou 3 centimètres. Portez-les ensuite à des distances assez écartées l'une de l'autre et toutes les deux plus grandes que celle où vous les aviez amenées d'abord, l'une à $0^m,20$ et l'autre à $0^m,35$; par exemple : fixez votre regard sur un point intermédiaire aux deux épingles, de manière qu'elles soient vues confusément ; rapprochez-les ensuite l'une de de l'autre jusqu'à ce que vous en aperceviez nettement les pointes : elles seront alors encore éloignées l'une de l'autre de près de 1 décimètre. Si vous répétez cette expérience sur des objets de plus en plus volumineux et de plus en plus distants de votre œil, vous vous convaincrez qu'on peut voir simultanément d'une manière distincte dans une étendue d'autant plus grande qu'on regarde plus loin.

2e *expérience.* — Prenons une feuille de papier très-longue ;

plaçons-la sur une table et traçons, d'une de ses extrémités a l'autre, une ligne bien visible sans être très-large, bien droite et bien égale dans toute sa longueur. Avec une épingle, perçons une carte de deux petits trous dont la distance soit moindre que le diamètre de la pupille. Disposons la carte à un des bouts de la ligne, de manière que son plan soit perpendiculaire à celui de la feuille, etses deux petites ouvertures situées l'une et l'autre à 1 ou 2 centimètres au-dessus de celle-ci. Fermons un de nos yeux, et plaçant l'autre derrière les deux petits orifices, regardons les différents points de la ligne. Celle-ci nous paraîtra simple non en un point unique, mais dans une longueur toujours notable, et d'autant plus grande que le point regardé sera plus éloigné.

3e *expérience*. — Prenons, comme dans la deuxième expérience, une carte percée de deux petits trous, dont la distance soit moindre que le diamètre de la pupille. Plaçons ceux-ci devant l'un de nos yeux, pendant que nous tenons l'autre fermé. Regardons ainsi fixement et successivement à des distances de plus en plus grandes, à partir de la carte. Nous remarquerons que tous les objets compris entre deux limites d'autant plus écartées l'une de l'autre que notre vue se porte plus loin, sont vus simples, tandis que tous ceux qui sont situés en dehors, soit en deçà, soit au delà, paraissent doubles. En même temps que notre regard se trouve fixé sur un point, observons chaque fois la position de celui-ci relativement aux limites des objets simultanément distincts. Pour bien distinguer le lieu de ces limites, il nous sera nécessaire de faire choix d'un champ d'observation convenable. Ce sera, par exemple, pour les grandes distances, une allée d'arbres très-longue ; pour les moyeunes, une grille formée d'un nombre considérable de barreaux verticaux ; pour les petites, des épingles piquées parallèlement sur une planche. Voici ce que nous constaterons. Tant que notre regard se fixera à une distance moindre que celle où les très-petits objets cessent d'être vus nettement quand nous les rapprochons peu à peu de notre œil, les limites des objets vus simultanément d'une manière nette, seront l'une et l'autre situées au delà du point observé. Quand il arrivera à cette distance, le point regardé sera placé à la limite la plus rapprochée. A mesure qu'il s'éloignera, les deux limites s'éloigneront toutes deux, mais moins que notre regard; de sorte que le rapport entre la distance du point observé à la première limite, d'une part, et la distance de ce point à la seconde limite, d'autre part, augmentera de plus en plus jusqu'à ce que le point observé et la limite la plus éloignée se confondent.

4ᵉ expérience. — Voici une autre expérience plus facile à pratiquer que la précédente et non moins probante. On place une loupe de force moyenne, de $0^m,10$ de foyer par exemple, sur la marge latérale d'une page imprimée, perpendiculairement à la direction des lignes et très-près de celles-ci. On approche son œil à 0 m. 05 ou 0 m. 06 de la face lenticulaire opposée aux lettres et on promène ses regards au delà de l'instrument, depuis celui-ci jusqu'à son foyer. On constate ainsi que partout où la vue se porte, elle est accompagnée par une large bande, plus claire que le reste du champ de la lentille, et entre les bords de laquelle toutes les lettres sont vues distinctement. On observe encore, si l'on regarde d'abord très-près de la loupe, puis de plus en plus loin, que le point regardé, d'abord situé en deçà de la bande claire, atteint bientôt son bord antérieur, se rapproche du bord postérieur, le dépasse et s'en éloigne de plus en plus.

Si l'on regarde à travers une loupe, au lieu d'une page imprimée, les pointes de deux épingles qu'on rapproche et qu'on éloigne plus ou moins de l'instrument et l'une de l'autre, on s'assure encore qu'elles peuvent être aperçues simultanément d'une manière parfaitement distincte, quoique placées à des distances différentes.

Ces expériences prouvent d'une manière irréfragable qu'un objet peut être aperçu distinctement sans que son foyer se forme sur la rétine; car dans chacune d'elles, parmi les objets simultanément distincts ou simples, et inégalement éloignés, ceux qui ont leur image focale sur cette membrane sont tous placés à la même distance ; les autres ont leur foyer au delà ou en deçà du plan rétinien.

Elles démontrent également que le corps observé n'a point invariablement son foyer sur la rétine, et même qu'il n'y a qu'un seul point du champ visuel dont les rayons s'entre-croisent sur cette membrane, lorsque la vue se fixe sur lui. Effectivement, si on regarde un objet, en le plaçant d'abord aussi près que possible sans qu'il cesse d'être aperçu distinctement, et en l'éloignant ensuite de plus en plus, on observe que situé d'abord à la limite antérieure du champ de la vision distincte, il s'en écarte à fur et mesure pour se rapprocher de la limite postérieure avec laquelle il tend à se confondre. Or, comme on le présume et comme nous le verrons (p. 30), le point qui a son foyer sur la rétine toujours intermédiaire à ces deux limites, s'éloigne de la postérieure et se rapproche de l'antérieure à mesure que la distance du corps observé augmente. Le point regardé et celui qui forme son foyer sur la rétine se déplacent donc en sens inverse ; ils ne doivent donc se rencontrer qu'à une seule distance.

Il découle encore de ces expériences que l'accommodation n'a pas pour effet constant de faire coïncider avec la rétine l'image focale de l'objet observé, que la myopie ne consiste pas dans l'impossibilité d'effectuer cette coïncidence, lorsque celui-ci est éloigné, et la presbytie dans l'impossibilité de la réaliser, quand il est rapproché, puisque, à l'état normal, cette coïncidence n'a lieu que si le corps regardé se trouve à une certaine distance, unique, invariable, nécessairement assez éloignée de l'une et de l'autre limites du champ de la vision distincte. D'ailleurs nous verrons ultérieurement que l'adaptation n'a pas seulement pour effet de rendre distincte la vision à des distances différentes, et que la myopie et la presbytie sont des affections bien plus complexes que ne le fait supposer la définition qu'en donnent les auteurs.

§ II.

ERREURS PROPRES A CHACUNE DES THÉORIES DE LA VISION DISTINCTE AUJOURD'HUI ADMISES.

La faculté que possède l'œil de voir nettement à des distances très-diverses a, de tout temps, vivement préoccupé les physiciens et les physiologistes. Ils ont émis, pour l'expliquer, des théories très-nombreuses, qu'on pourrait diviser en deux classes. Dans les unes, il est admis que certaines parties constituantes de l'œil subissent des modifications de formes variables, suivant la distance de l'objet observé ; dans les autres, on suppose que les différentes parties de cet organe restent immuables. Ces dernières sont toutes tombées dans un oubli complet. Parmi les premières, la plupart sont également abandonnées ; d'autres comptent encore des partisans ; celles-ci sont les seules que nous nous proposions d'examiner : elles sont au nombre de trois.

M. Pouillet a émis une théorie qui repose sur l'inégalité de réfrigérence des différentes couches cristalliniennes et les variations d'ouverture de la pupille. Il considère le cristallin comme une lentille ayant un grand nombre de foyers ; il suppose que les rayons envoyés dans l'œil par un même objet vont converger d'autant plus loin qu'ils ont traversé le cristallin plus près de son contour ; et il explique de la manière suivante le mécanisme de la vision distincte à des distances différentes. Si on regarde un objet rapproché, la pupille se contracte, intercepte les rayons marginaux, et l'image rétinienne résulte de la totalité des rayons réfractés par le cristallin. Si l'objet observé est éloigné, la pupille se dilate, les rayons marginaux traversent le cristallin et vont seuls former l'image rétinienne ; quant aux rayons centraux, moins nombreux que les précédents, ils ne font que jeter sur l'image une lueur diffuse qui ne peut que diminuer son éclat sans nuire à sa netteté.

Que d'objections s'élèvent contre cette doctrine! Elle suppose que le cristallin est soumis à l'aberration de sphéricité; or le contraire, bien que non démontré, est beaucoup plus probable. Elle suppose encore une relation intime et constante entre le degré d'ouverture de la pupille et la distance du corps observé; or cette supposition est en désaccord complet avec l'observation. Chacun sait que, si la lumière est faible, notre pupille est très-dilatée, même quand nous regardons à une petite distance; que, si elle est très-intense, notre pupille est très-contractée, alors même que nous regardons au loin; que, si nous venons à porter brusquement notre vue d'un objet éloigné très-brillant sur un objet sombre rapproché, notre pupille se rétrécit au lieu de s'agrandir: et que cependant, dans tous ces cas, la vision s'exerce nettement. Il est d'ailleurs impossible d'admettre que, dans la vision des objets éloignés, les rayons centraux, après s'être entre-croisés, viennent, poursuivant leur marche dispersive, tomber sur la rétine en cercles de diffusion, sans apporter du trouble dans la netteté de l'image.

Une théorie qui, comme la précédente, a joui jadis d'une grande faveur, est celle qui fait consister l'accommodation dans des changements de longueur de l'axe antéro-postérieur de l'œil, produits par les contractions des muscles droits et obliques. Certains physiologistes attribuent son allongement à l'action des muscles droits et son raccourcissement à celle des obliques; d'autres assignent un rôle inverse à ces organes. L'œil augmenterait de longueur pour la vision des objets rapprochés; il diminuerait pour la vision des objets éloignés.

Si ces changements avaient réellement lieu à un degré assez élevé pour être efficaces, ils ne pourraient pas se produire sans apporter des modifications notables dans la courbure de la cornée. Or des mesures prises avec le plus grand soin par des expérimentateurs très-habiles, à l'aide d'instruments très-grossissants et d'une précision exquise, n'ont jamais permis de constater la moindre déforma-

3

tion des faces cornéennes. Si les muscles moteurs de l'œil étaient les agents de l'ajustement, leur paralysie aurait toujours pour résultat d'abolir celui-ci. Toutes les fois qu'elle ne s'est pas accompagnée de celle de l'iris, l'ajustement a conservé toute sa puissance. Il est également resté intact à la suite de toutes les myotomies pratiquées dans les cas de strabisme.

La théorie qui compte aujourd'hui le plus de partisans, et qui probablement ne tardera pas à rallier tous les physiologistes, est celle de Yong, modifiée par la découverte du muscle ciliaire. Yong considérait le cristallin comme un organe contractile, susceptible de modifier par ses propres contractions la courbure de ses faces, de manière à faire varier sa réfringence suivant la distance de l'objet observé. Les changements de forme du cristallin ont été constatés et mesurés dans ces dernières années par Cramer et Helmholtz ; mais, au lieu d'être actifs, d'être le résultat de contractions propres à cette lentille, ils sont passifs et produits par les contractions d'un petit muscle récemment découvert par Bruecke et Bowmann, qui lui ont donné le nom de *muscle ciliaire*. Voici comment M. Desmarres expose cette théorie telle qu'elle est maintenant admise :

« Si les sommets des cônes formées par les rayons réfractés, au lieu de se trouver précisément sur la rétine, venaient se placer un peu en avant ou en arrière de cette membrane, ces rayons, en la rencontrant, y formeraient autant de petits cercles qu'il y aurait de cônes et y produiraient une image confuse. Ces petits cercles sont ce que les physiciens appellent *cercles de diffusion ;* et l'on conçoit que l'image totale sera perçue d'autant plus mal par la rétine que les cercles de diffusion formés par les cônes émanés des points éclairés seront plus grands.

« Or la physique démontre que le lieu où se forme l'image dépend de la direction des rayons lumineux et de la force ou indice de réfraction de l'appareil lenticulaire. Si donc l'œil, à la façon des appareils d'optique que nous fabriquons, était invariable dans sa forme et dans la densité de ses milieux, il ne pourrait percevoir distinctement que les objets placés à une distance déterminée et invariable. Ce n'est point là ce qui a lieu, et tout le monde sait que l'œil possède une faculté que l'on ne peut obtenir dans aucun instrument d'optique, c'est celle de s'ajuster avec une rapidité merveilleuse pour la vue à des distances très-rapprochées, moyennes ou éloignées.

« C'est cette faculté que l'on désigne sous le nom d'*accommodation*.

« Pendant la contraction du muscle ciliaire, la surface antérieure du cristallin devient plus convexe, la postérieure, sans changer visiblement de place, l'est un peu moins ; le diamètre transversal de la lentille se raccourcit, et les parties périphériques de l'iris sont d'autant plus refoulées en arrière que l'humeur aqueuse est plus pressée par la surface antérieure du cristallin. L'idée de Cramer, que les parties fluides du cristallin font hernie dans la pupille parce qu'elles sont comprimées par l'iris, est combattue par Helmholtz et n'a plus guère de partisans ; on admet seulement, et avec réserve, un léger déplacement de ces parties en avant, pendant que les attaches de l'iris sont portées en arrière et que toutes ses fibres sont tendues.

« Dans l'état actuel de la science, on admet l'action suivante du muscle ciliaire sur l'accommodation :

« 1° Les petits faisceaux annulaires exercent une pression sur le bord du cristallin et en grandissent le diamètre antéro-postérieur.

« 2° Les fibres longitudinales, en se contractant, exercent sur l'humeur vitrée une pression qui s'oppose au recul de la capsule postérieure et dirigent ainsi toute la force sur la surface antérieure.

« 3° La pression exercée par la tension de l'iris sur les parties périphériques de la capsule antérieure facilite encore l'augmentation de la convexité de celui-ci en avant, en même temps qu'elle s'oppose à un changement dans la capsule postérieure.

« 4° Ce déplacement en avant du centre de la capsule antérieure est facilitée par le refoulement en arrière des parties périphériques de l'iris, et ce refoulement est produit par la contraction simultanée des parties profondes du muscle et par celle de l'iris.

« 5° Enfin la contraction du muscle produit le relâchement de la partie antérieure de la zonule, ce qui exerce encore une influence sur le changement de forme du cristallin. » (*Traité des maladies des yeux*, t. III, p. 614, 615 et 617.)

Voici le résumé que M. M.-D. Sée, de son côté, donne de cette théorie :

« Il nous paraît établi aujourd'hui que les changements qui ont lieu dans l'œil pendant l'adaptation consistent essentiellement dans des *modifications de courbure des deux faces du cristallin, principalement de la face antérieure, et que le muscle ciliaire et l'iris sont les agents qui produisent ces changements;* peut-être une certaine part d'action doit-elle être assignée à l'appareil vasculaire de l'œil » (*De l'Accommodation de l'œil et du muscle ciliaire,* p. 26).

Il dit ailleurs, ainsi que tous les auteurs, « qu'à l'état de repos, l'œil est disposé pour la vision des objets éloignés, et que les efforts de l'adaptation, pénibles quand ils se prolongent, se font éprouver surtout pendant que nous regardons des objets placés à une faible distance » (p. 6).

Cette théorie repose, comme la précédente, sur la doctrine de la coïncidence constante de la rétine avec l'image focale de l'objet observé, quelle que soit la distance de celui-ci, doctrine qui, ainsi que nous l'avons vu, est complétement fausse.

Il est admis, dans cette théorie, les deux faits suivants, connexes l'un à l'autre, à savoir: qu'à l'état de repos l'œil est accommodé pour la vision des objets lointains; que les contractions du muscle ciliaire ont toujours pour effet de comprimer le cristallin. Nous démontrerons (p. 48 et 63) qu'au contraire, pendant l'inaction des agents accommodateurs, l'œil est adapté à une distance moyenne, et que le muscle de Bruecke, composé en réalité d'un constricteur et d'un dilatateur, tantôt augmente et tantôt diminue, suivant la dis-

tance de l'objet observé, la réfringence de la lentille cristallinienne.

D'après cette théorie, l'adaptation n'a qu'un effet, rendre nette
l'image rétinienne de l'objet observé, quelle que soit la distance de
celui-ci ; et ses deux agents actifs, le muscle ciliaire et l'iris, n'agissent qu'en comprimant le cristallin. Nous verrons plus loin que l'accommodation a encore pour résultat de modifier la grandeur et
l'éclat de l'image, et que l'iris contribue à rendre celle-ci nette, non
pas en augmentant la convexité de la lentille cristallinienne, mais
en diminuant le diamètre des cônes lumineux intra-oculaires.

DEUXIÈME PARTIE.

Conditions et mécanisme de la vision distincte.

C'est peu que d'avoir relevé les erreurs des auteurs relatives aux conditions de la vision distincte, à l'accommodation, à la myopie et à la presbytie. Ce qui aurait une utilité plus réelle, ce serait de dissiper une partie des ténèbres qui obscurcissent encore ces différents points de vue de la vaste question des phénomènes de la vision. Nous allons essayer de le faire. Nous nous efforcerons de découvrir les véritables conditions de la vision distincte, de montrer le but et le mécanisme de l'accommodation, de préciser les altérations fonctionnelles et anatomiques qui constituent la myopie et la presbyopie. Pour cela, il est de toute nécessité que nous possédions bien quelques notions d'optique, qu'on ne trouve pas dans les livres, ou dont on n'a pas encore fait l'application à l'étude de la physiologie de l'œil, et que nous connaissions parfaitement certaines fonctions des organes oculaires jusque'aujourd'hui passées sous silence ou mal décrites. Nous commencerons donc par étudier d'abord les premières et ensuite les secondes.

$$\S\ 1^{er}.$$

NOTIONS DE PHYSIQUES INDISPENSABLES À L'INTELLIGENCE DE NOTRE SUJET.

Figurons-nous une chambre noire composée d'une lentille dont le foyer soit susceptible de voyager depuis le centre optique jusqu'à l'infini, d'un écran pouvant être placé à toutes les distances comprises entre ces deux derniers points, et d'un diaphragme dont l'orifice puisse prendre tous les diamètres, depuis zéro jusqu'à celui de la lentille. Imaginons un point lumineux situé vis-à-vis de cette chambre obscure, à une plus grande distance que le foyer principal. La lumière, qui, partie de ce point, traverse la lentille, forme trois cônes : le premier a son sommet au point lumineux et sa base sur la lentille ; le deuxième a également sa base sur la lentille et son sommet au même point que le troisième ; celui-ci a son sommet au foyer conjugé et sa base à l'infini. Placé au foyer du point lumineux, l'écran donnera de celui-ci une image qui sera elle-même un point. Placé à une distance quelconque du centre optique, mais autre que celle du foyer conjugué, il donnera une image qui ne sera plus un point, mais un cercle de diffusion. Ce cercle aura une étendue variable, suivant sa distance au foyer conjugé, suivant la distance de celui-ci à la lentille, et suivant le degré d'ouverture de l'orifice diaphragmatique. Pour une même ouverture et une même distance de la lentille au foyer, il sera d'autant plus grand qu'on le prendra plus loin de celui-ci. Pour une même distance de la lentille au foyer et de celui-ci à l'écran, il sera d'autant moindre que l'orifice du diaphragme sera plus étroit. Pour une même ouverture et une même distance de l'écran au foyer, il sera d'autant moins étendu que celui-ci sera plus éloigné de la lentille. Dans le premier cas, il aura son maximum de grandeur, quand l'écran coïncidera avec le centre optique ou atteindra l'infini, et son minimum lorsque l'écran sera au foyer. Dans le deuxième cas, il présentera son maximum d'étendue lorsque l'orifice sera plus large que la lentille, et son minimum, quand l'orifice sera infiniment petit. Dans le troisième cas, il atteindra son minimum, lorsque le foyer sera à l'infini, et son maximum lorsqu'il se confondra avec le foyer principal.

Considérons maintenant, au lieu d'un point, un objet ayant des dimensions. Supposons l'écran disposé de manière à recevoir le foyer conjugé de chacun des points de l'objet : on aura de celui-ci une image totale parfaitement nette, parce que chacune des images élémentaires qui la composent, c'est-à-dire l'image de chacun des éléments de l'objet, est un point qui ne peut empiéter sur ses voisins Supposons l'écran placé à toute autre distance du centre optique que celle du foyer conjugué. L'image totale obtenue ne sera plus constituée par des points, mais par des cercles de diffusion. Elle n'en sera pourtant pas moins nette, si l'écran reste compris entre deux limites situées l'une en deçà et l'autre au delà au foyer de l'objet ; assez voisines l'une de l'autre, lorsque l'ouverture diaphragmatique est plus large que la lentille, et que l'image focale est au foyer principal ; d'autant plus écartées l'une de l'autre que le diaphragme masque une plus grande largeur de la lentille, et que le foyer conjugué est plus éloigné de celle-ci ; et refoulées l'une jusqu'au centre optique, et l'autre jusqu'à l'infini, dans le cas où l'orifice est infiniment étroit.

Quelle est la raison de cette netteté de l'image à des distances autres que celle du foyer de l'objet, à distances où la présence des cercles de diffusion semblerait devoir la rendre confuse ?

La vision des petits objets a une borne. En effet l'œil aidé, suivant la distance à laquelle il observe, d'un microscope, d'une longue-vue, d'un télescope, distingue des détails de plus en plus fins, à mesure que le grossissement de l'instrument augmente. Puisqu'il est des détails que leur petitesse dérobe à notre vue, l'effet produit sur notre rétine, quand nous regardons un objet, est le même, que ces détails existent ou non, qu'ils se modifient d'une manière ou d'une autre. Ainsi, par exemple, si nous portons notre regard sur un navire situé assez loin pour qu'il ne nous apparaisse que comme un point, l'impression produite dans notre œil sera absolument la même, qu'il y ait beaucoup ou peu d'hommes à bord, qu'ils se déplacent ou qu'ils restent immobiles, pourvu toutefois qu'ils ne soient pas assez nombreux pour que réunis ils forment une masse visible. Lors donc que nous regardons l'image d'un objet, les images élémentaires dont elle se compose, c'est-à-dire celles des atomes, éléments des corps, peuvent subir toutes les modifications d'étendue, de forme, de position, de nombre, etc., qui n'ont pas pour résultat de leur donner des dimensions supérieures à celles des détails imperceptibles, sans que notre cerveau en ait conscience, sans que les parties de l'image observée, auparavant visibles, cessent de l'être. Elles peuvent donc s'étendre en cercles de division d'une étendue moindre que celle des détails visibles, sans nuire à la vision distincte de l'image totale.

Dans la chambre obscure que nous avons plus haut imaginée, les cercles de diffusion, nuls au foyer conjugué, n'augmentent que peu à peu à mesure qu'on s'éloigne de ce point; ce n'est donc jamais qu'à une certaine distance en deçà et au delà de celui-ci qu'ils présentent assez de grandeur pour être visibles. Leur accroissement d'étendue se fait d'autant moins rapidement que l'ouverture du diaphragme est plus petite, et que le foyer de l'objet est plus loin de la lentille; les deux limites, entre lesquelles l'exiguïté de leurs dimensions les rend imperceptibles, sont donc d'autant plus distantes l'une de l'autre, que cet orifice est plus étroit et que le foyer conjugué est plus éloigné. Elles sont placées à la même distance de ce dernier, car les cônes lumineux convergents et divergents qui ont leur sommet au foyer conjugué présentent le même degré d'épanouissement.

Quoi qu'il en soit de l'explication, le fait est incontestable; il peut être démontré par l'expérience. Qu'on prenne un daguerréotype, appareil qui n'est autre chose qu'une chambre obscure, qu'on en découvre complétement la lentille, de manière à rendre la face objective de celle-ci tout entière accessible aux rayons lumineux d'un objet extérieur quelconque situé à une assez grande distance. Qu'on en place l'écran au foyer de cet objet, on aura une image nette de celui-ci; qu'on approche ou qu'on éloigne petit à petit l'écran de la lentille, l'image ne cessera d'être nette que lorsqu'on sera arrivé à une certaine distance du foyer conjugué; qu'on arrête l'écran lorsque l'image sera devenue très-confuse, et qu'ensuite on rétrécisse lentement et progressivement l'orifice du diaphragme, l'image redeviendra peu à peu d'une pureté parfaite; qu'on éloigne encore l'écran du foyer de l'objet et qu'on rétrécisse davantage l'ouverture diaphragmatique, l'image redeviendra de nouveau et successivement confuse et nette.

Contrairement à ce que disent les traités de physique, nous pouvons donc établir en principe que « dans une chambre noire l'image d'un objet est nette non-seulement si l'écran est placé au foyer conjugué, mais pourvu qu'il soit compris entre deux limites situées à la même distance de ce foyer, l'une en deçà et l'autre au delà, et d'autant plus distantes l'une de l'autre, que ce point est plus éloigné de la lentille, et que l'ouverture diaphragmatique est plus étroite. »

Chaque coupe du faisceau de lumière qui, parti d'un objet, a traversé une lentille convergente est une image, et ce faisceau lumineux peut être considéré comme formé par la superposition d'une infinité d'images. Nous pouvons donc appeler les limites entre lesquelles l'écran de la chambre obscure doit être compris pour donner une image nette d'un objet dans une même position de celui-ci : *limites des images simultanément nettes de cet objet*. Nous nommerons *première limite, limite antérieure, limite inférieure, limite rapprochée*, celle qui est placée le plus près du centre optique, et *seconde limite, limite postérieure, limite supérieure, limite éloignée*, celle qui en est située le plus loin.

Imaginons maintenant que l'écran, le centre lenticulaire, et le centre optique de notre chambre obscure soient fixes, que le foyer principal, seul mobile, ne puisse se déplacer qu'entre deux points invariables, et que celui de ces derniers qui est le plus éloigné du centre optique soit à une distance telle que, lorsque le foyer principal l'occupe, les corps lointains, ceux qui envoient dans la chambre des rayons parallèles, aient la limite postérieure de leurs images nettes sur l'écran. Celui-ci se trouve toujours placé, quelle que soit la position du foyer principal, entre les limites des images simultanément nettes d'un nombre considérable d'objets ; les images de ceux-ci sont, de toutes celles que présente l'écran, les seules nettes, et elles le sont toutes; nous les appellerons *images de l'écran simultanément nettes*; nous dénommerons les limites entre lesquelles sont situés les objets qui les fournissent *limites des objets qui donnent simultanément des images pures sur l'écran*, et l'espace qu'elles comprennent, *champ des objets qui donnent simultanément des images nettes sur l'écran*; nous nommerons l'une de ces limites *limite antérieure, première limite, limite rapprochée, limite inférieure*; ce sera celle qui est située le plus près du centre optique; nous donnerons à l'autre le nom de *seconde limite, limite postérieure, limite supérieure, limite éloignée*.

Les images qui, dans une ou plusieurs positions du foyer, se peignent nettement sur l'écran, sont celles des corps compris entre ceux qui ont la limite antérieure de leurs images nette sur celui-ci, alors que la distance focale est aussi réduite que possible, et ceux qui ont la limite postérieure de leurs images nette sur le même plan, pendant le plus grand allongement possible de la longueur focale; nous nommerons ces limites *limites des objets qui peuvent donner des images nettes sur l'écran*, et l'espace qu'elles comprennent, *champ des objets qui peuvent donner des images nettes sur l'écran*.

Quelle est, suivant le degré d'ouverture de l'orifice diaphragmatique et la position du foyer principal, l'étendue du champ des objets qui donnent simultanément des images nettes, et celle du champ des objets qui peuvent donner des images nettes?

Remarquons d'abord que parmi les objets qui donnent simultanément des images nettes à la même distance, ceux qui sont situés à la plus rapprochée des limites qui les renferment ont leurs images focales au delà de cette distance, que ceux qui sont placés à la limite éloignée ont leurs images focales en deçà, et que tous les autres ont leurs images focales entre les précédentes. La conséquence qui découle de ce fait, c'est que le nombre des images nettes de l'écran est d'autant plus considérable pour une même position du foyer, que les images focales comprises entre celles des corps placés aux limites ci-dessus sont plus nombreuses.

Rappelons-nous, en outre, que la relation qui existe entre la position de l'objet et celle de l'image focale est algébriquement exprimée par $p' = \dfrac{a}{1 - \dfrac{a}{p}}$, p' représentant la distance du foyer conjugué au centre de la lentille, p celle de l'objet au même point et a la longueur focale. Il résulte de cette formule qu'un objet, placé à une distance invariable, forme son foyer d'autant plus près de la lentille que la longueur focale est moindre ; qu'un changement de position de l'objet en amène un d'autant moins considérable dans l'image focale que le foyer principal est plus rapproché de celle-ci et le centre lenticulaire plus rapproché du foyer principal, surtout si en même temps la distance focale est très-petite ; qu'à un léger changement de position de l'objet correspond un déplacement excessif de l'image, si celle-ci est à une grande distance du foyer principal, et surtout si, de plus, le centre lenticulaire est très-éloigné de ce dernier point. Une même portion d'un axe, soit secondaire, soit principal, tout entière située au delà du foyer principal, contient donc d'autant plus d'images focales qu'elle est plus rapprochée de ce point et que la longueur focale est moindre.

Grâce à ces données et à ce que nous savons de l'influence de l'ouverture diaphragmatique sur la grandeur des cercles de diffusion, il nous sera facile de répondre à la question que nous nous sommes plus haut posée, c'est-à-dire de déterminer quels sont les changements apportés par les variations de la longueur focale et celles de l'ouverture diaphragmatique, dans l'étendue et la situation du champ des objets qui donnent simultanément des images nettes sur l'écran et du champ des objets qui peuvent donner des images nettes sur l'écran.

« Le champ des objets qui donnent simultanément des images nettes sur l'écran et le champ des objets qui peuvent donner des images nettes sur l'écran sont d'autant plus étendus que l'ouverture des diaphragmes est plus étroite. » En effet, les cercles de diffusion de l'écran diminuent avec l'orifice diaphragmatique ; les images, dont les cercles de diffusion, pendant un certain degré d'ouverture

de cet orifice, sont peu supérieurs à ceux que leur petitesse rend
invisibles, doivent, sous l'influence d'un rétrécissement suffisant,
devenir pures, et les corps qui les fournissent être englobés par les
limites des objets qui donnent simultanément des images nettes.
Pour le vérifier, il suffit de prendre un des objets qui se peignent
nettement sur l'écran d'une chambre obscure, de l'avancer ou de le
reculer jusqu'à ce que son image ait bien manifestement perdu sa
pureté, et de rétrécir ensuite graduellement l'orifice diaphragmatique ; cette image ne tarde pas à redevenir aussi nette qu'auparavant.

Ce résultat a lieu, quelle que soit la distance focale, mais il est
d'autant plus prononcé que le foyer principal est plus près de l'écran,
et la limite postérieure du champ des objets qui peuvent donner
des images nettes est plus reculée que n'est avancée sa limite antérieure.

« Le champ des objets qui donnent simultanément des images
nettes sur l'écran est d'autant plus restreint et plus rapproché que
le foyer principal est plus loin de celui-ci. » C'est ce qui résulte de
ce que nous avons dit plus haut, à savoir : d'une part, que l'image
d'un objet placé à une distance invariable se forme d'autant plus près
de la lentille que la longueur focale est moindre, et, d'autre part,
que le nombre des images focales, comprises entre deux points fixes
situés au delà du foyer principal, est d'autant moins considérable,
qu'ils sont plus éloignés de ce point. Il est vrai que, toutes choses
égales d'ailleurs, les images focales comprises dans une même étendue sont d'autant plus nombreuses que la longueur focale est
moindre ; mais cette cause inverse agit bien moins puissamment que
la précédente, ainsi qu'on peut le prouver par le calcul et par l'expérience.

Voici la preuve expérimentale : On prend une chambre noire
dont la longueur focale ne soit que de quelques centimètres ; on en
place l'écran au point où les corps très-éloignés ont la limite supérieure de leurs images nettes ; on observe que ceux qui ont la limite

inférieure de leurs images nettes sur l'écran, c'est-à-dire les plus rapprochés parmi ceux qui s'y dessinent nettement, sont à une distance incommensurable des premiers. On enlève ensuite la lentille, et on la remplace par une autre dont la distance focale soit beaucoup plus courte, la moitié, par exemple, de celle de l'autre, et on constate que les limites des objets qui donnent actuellement des images nettes ne sont distantes l'une de l'autre que de quelques centimètres.

Les deux points entre lesquels sont compris les foyers des objets qui donnent simultanément des images nettes sur l'écran sont à peu près les mêmes, quelle que soit la longueur focale de la lentille. L'espace compris entre l'écran et celui de ces deux points au delà duquel il est situé, et l'espace qui le sépare de l'autre point, sont donc invariables. Le premier espace, plus rapproché du foyer principal, contient, bien que le moins étendu, un nombre d'images focales supérieur à celui des images que renferme le second, et la différence va en s'accroissant rapidement à mesure que la longueur focale augmente. Donc, à mesure que le champ des objets qui donnent simultanément des images nettes s'éloigne, la distance de leur limite inférieure au point dont le foyer correspond à la rétine devient de plus en plus faible relativement à celle qui sépare leur limite supérieure du même point. Si, en effet, on élargit peu à peu l'orifice diaphragmatique d'une chambre noire, les limites des objets qui donnent simultanément des images nettes se rapprochent petit à petit l'une de l'autre, et tendent à aller se confondre au point qui forme son foyer sur l'écran. Or, en observant les images de celui-ci, on constate que la limite postérieure parcourt un chemin plus long que la limite antérieure et que la différence de chemin est d'autant plus grande que les limites sont l'une et l'autre plus éloignées de l'appareil.

Nous avons supposé, dans ce qui précède, que l'écran est toujours placé à la même distance du centre lenticulaire, et que les deux points fixes entre lesquels se meut le foyer principal sont à une distance telle que, lorsque la longueur focale est aussi grande que possible, les cercles de diffusion que les rayons parallèles forment sur l'écran sont au delà du foyer principal et à la limite des objets perceptibles. Voyons maintenant ce qui arrive quand l'une de ces conditions varie, les autres restant les mêmes.

«Si la longueur focale augmente ou diminue, les deux points fixes entre lesquels peut voyager le foyer principal restant à la même distance de l'écran et l'un de l'autre, en d'autres termes, si le centre lenticulaire s'éloigne ou se rapproche de l'écran, tous les autres points restant fixes, le champ des objets qui donnent simultanément des images nettes et celui des objets qui peuvent donner des images nettes sont, tous les deux, plus restreints dans le premier cas et plus étendus dans le second. La limite inférieure des objets qui peuvent donner des images nettes est seule déplacée; l'autre reste toujours située à l'infini. » Cette proposition découle du principe ci-dessus posé, à savoir : qu'un même espace renferme d'autant plus d'images focales que la distance focale est plus petite. Elle est confirmée par l'expérience : on donne successivement à l'écran d'une chambre noire différentes positions à partir des points où les corps lointains ont la limite postérieure de leurs images nettes jusqu'à un autre situé à une certaine distance du premier, et on note chaque fois l'étendue du champ des objets qui donnent simultanément des images nettes. On substitue ensuite une lentille plus forte à celle de la chambre, et on en place le foyer au point qu'occupait celui de la première. En faisant repasser l'écran par les mêmes positions que ci-devant, on s'assure que dans chacune d'elles les limites des objets qui donnent simultanément des images nettes sont plus éloignées l'une de l'autre que dans le cas précédent.

«Si la distance du centre lenticulaire à l'écran reste la même, et si la longueur focale, tout en se réduisant dans la même proportion, lorsqu'elle passe de son plus grand allongement à son plus fort raccourcissement, est moindre que nous l'avons d'abord supposé, c'est-à-dire si, lorsqu'elle est aussi allongée que possible, les objets lointains ont la limite postérieure de leurs images nettes en deçà de l'écran, les limites des objets qui peuvent donner des images nettes sont l'une et l'autre, surtout la postérieure, plus rapprochées de l'appareil.

«Si, au contraire, elle est plus grande, les deux limites sont reculées. » Quand nous disons que la limite postérieure est reculée, nous voulons dire que des rayons plus ou moins convergents pourront former sur l'écran des cercles de diffusion invisibles, et y dessiner des images nettes. Si la longueur focale est assez grande pour que, dans son plus fort raccourcissement, les corps très-éloignés aient la limite antérieure de leurs images nettes au delà de l'écran, les objets dont les rayons seront rendus convergents donneront seuls des images pures.

Tous ces faits peuvent être démontrés par l'expérience et par le calcul ; mais inutile que nous insistions, ils sont évidents par eux-mêmes.

Il est également clair que, dans tous les cas précédents, « le champ des objets qui peuvent donner des images nettes sur l'écran est d'autant plus étendu que les limites entre lesquelles peut pérégriner le foyer principal sont plus écartées l'une de l'autre. »

Quant au centre optique, sa position n'influe en rien sur la netteté de l'image ; ses déplacements ne modifient que la grandeur de celle-ci : l'étendue de l'image focale et celle de l'objet sont dans le même rapport que leurs distances respectives au centre optique. Cette loi est applicable à toute image nette, réelle ou virtuelle, située ou non au foyer conjugé, et même à toute image, quelle que soit sa position, depuis la lentille jusqu'à l'infini, si l'on fait abstraction de l'accroissement de grandeur dû aux cercles de diffusion. Dans l'hypothèse d'une chambre obscure à écran fixe, et d'un objet placé à une distance invariable, il est évident que «l'image nette de celui-ci ne peut augmenter ou diminuer de grandeur qu'autant que le centre optique s'éloigne ou se rapproche de l'écran. »

D'après ce qui précède, on voit que, dans toute lentille, il y a à considérer trois points d'une grande importance théorique : le centre optique, le foyer principal, et le centre lenticulaire. La position de ces différents points est très-variable, et les déplacements de chacun d'eux sont indépendants de ceux des autres, autrement dit, l'un de ces points peut avancer ou reculer sur l'axe principal, pendant que les autres sont stationnaires, se portent dans le même sens que lui ou se déplacent en sens contraire. La raison en est que les mêmes causes agissent diversement sur la position de chacun d'eux. Nous allons en passer quelques-unes en revue.

Un système de lentilles quelconque, soit convergent, soit divergent, peut être regardé, relativement à un corps placé à une distance invariable, comme une seule lentille, soit convergente, soit divergente ; on peut l'envisager comme n'ayant qu'un centre optique, qu'un centre lenticulaire, et que deux foyers principaux. Chacun de ces points du système diffère du point homonyme de chaque lentille considérée isolément ; il varie suivant la distance de l'objet. Dans ce qui suit, nous supposons cette dernière constante.

Lorsqu'à une lentille convergente on annexe une lentille également convergente, en plaçant celle-ci à une distance telle que les rayons parallèles qui ont traversé l'une franchissent l'autre avant de se rencontrer, le foyer principal, le centre lenticulaire et le centre optique du système qu'elles forment par leur réunion, diffèrent des mêmes points de la première lentille considérée isolément. «Plus la lentille ajoutée est puissante, plus est courte la longueur focale du système, et plus le centre lenticulaire et le centre optique de celui-ci sont éloignés de ceux de l'autre lentille ; plus la lentille ajoutée est rapprochée de l'autre, plus est courte la longueur focale du système, et moins le centre optique et le centre lenticulaire de celui-ci sont éloignés de ceux de la seconde lentille.

«Lorsqu'à une lentille convergente on annexe une lentille divergente, le centre optique et le centre lenticulaire de la première sont déplacés du côté opposé à la seconde, et d'autant plus que celle-ci est

plus forte et plus éloignée. La distance focale de la lentille convergente est d'autant plus allongée que la lentille divergente est plus
forte et plus rapprochée. »

Rien de plus facile que de démontrer expérimentalement l'influence d'une lentille, soit convergente, soit divergente, ajoutée à
une lentille convergente sur la position du foyer principal, du centre
lenticulaire et du centre optique de celle-ci.

On place deux bougies très-loin l'une de l'autre ; entre elles, sur
la droite qui les joint, et au point qui en est à peu près équidistant,
on dispose deux lentilles convergentes, séparées l'une de l'autre par
une distance moindre que la longueur focale de la plus forte. A
l'aide de deux écrans, on mesure la distance et on note la position
des images focales des deux flammes. On constate que le point
également éloigné des deux images est situé entre les deux lentilles,
mais plus près de celle qui a le foyer le plus court. En rapprochant
l'une des lentilles de l'autre, on remarque que les deux images
focales se déplacent dans le même sens, mais que celle qui est placée
du côté de la lentille laissée en place parcourt un plus court chemin
que l'autre. La distance focale du système a donc diminué, son
centre lenticulaire s'est donc rapproché de la lentille restée immobile. En remplaçant l'une des deux lentilles par une autre plus forte,
on observe que les deux images focales se rapprochent l'une de
l'autre, mais que celle qui est placée du côté opposé à la nouvelle
lentille subit un plus fort déplacement que l'autre. La convergence
du système s'est donc accrue, le centre lenticulaire s'est donc éloigné
de la lentille restée en place ; donc le centre lenticulaire du système
formé par les deux lentilles est d'autant plus éloigné de l'une et plus
rapproché de l'autre que celle-ci est plus puissante.

On place une lentille convergente à peu près à égale distance des
deux bougies et on détermine la position des deux images focales ;
on dispose ensuite une lentille divergente tout près de l'autre, de
manière que leurs axes coïncident ; les deux images sont l'une et
l'autre éloignées du verre convergent, mais celle qui est placée du

côté de la lentille ajoutée moins que l'autre; la distance focale du verre convergent s'est donc allongée, et son centre lenticulaire déplacé du côté opposé au verre divergent. En remplaçant celui-ci par un autre à foyer plus court, on produit un nouvel allongement de la distance focale, et un déplacement dans le même sens du centre lenticulaire. En éloignant peu à peu la lentille divergente de la lentille convergente, on rapproche fortement les deux images focales, mais plus celle qui est située du côté du verre divergent que l'autre; la convergence du système a donc augmenté, et le centre lenticulaire s'est donc éloigné encore de la lentille convergente.

Quant au centre optique, on peut vérifier de la manière suivante ce que nous avons dit sur ses changements de position. On colle un diaphragme à très-petite ouverture sur une lentille convergente; on dispose celle-ci en face d'une bougie au foyer de laquelle on place un écran. Soit qu'on interpose un verre divergent entre la bougie et le verre convergent, soit qu'on éloigne celui-là de celui-ci, soit qu'on le remplace par un verre divergent plus fort, l'étendue de l'image de l'écran diminue; soit qu'on interpose un verre convergent en le plaçant à une distance de l'autre moindre que sa longueur focale, soit qu'on l'éloigne sans dépasser cette distance, soit qu'on lui substitue un verre convergent plus puissant, la grandeur de l'image augmente. Or la réduction de celle-ci, à peu près toujours nette par suite de la présence du diaphragme, est une preuve du rapprochement du centre optique vers l'écran; son amplification est une preuve de l'éloignement de ce point. (Voy. page 32.)

§ II.

FONCTIONS DE QUELQUES-UNS DES ORGANES OCULAIRES.

Les principes d'optique que nous venons d'exposer sont évidemment applicables à notre œil, qui n'est, au point de vue de la physique, qu'une chambre noire d'une admirable perfection. Nous

allons revenir sur les fonctions de quelques-unes des parties constituantes de cet organe, ce qui nous permettra de compléter, peut-être
même de rectifier en quelques endroits ce qu'en ont dit les auteurs,
et, de plus, de vérifier quelques-uns des principes de physique
ci-dessus énumérés. Nous nous occuperons d'abord de la rétine.

Il y a une limite à la vision des gros objets, nous voulons dire à
la vision simultanée et nette de tous les points de la partie de leur
surface qui est tournée du côté de l'œil observateur. Quand on regarde fixement un point, quelle qu'en soit la distance, on ne voit
distinctement autour de celui-ci, et sur un plan perpendiculaire à
l'axe optique, que dans l'étendue d'un très-petit rayon. Ainsi, par
exemple, si l'on fixe sa vue sur un point d'un plan vertical placé à
quelques mètres de distance, on ne voit nettement en haut, en bas,
et de chaque côté de ce point, que dans l'étendue de $0^m,03$ ou $0^m,04$.
Si l'on regarde de la même manière, à la distance à laquelle on lit
habituellement, le milieu d'un mot imprimé en caractères ordinaires,
on n'en distingue bien que trois ou quatre ; les autres sont aperçus
d'autant plus confusément qu'ils sont plus éloignés du point regardé.
La confusion ne provient pas ici de la présence des cercles de diffusion dans l'image rétinienne de l'objet observé, mais du défaut de
sensibilité dans une certaine étendue de la partie impressionnée de
la membrane nerveuse oculaire. Il semble que cette membrane soit
composée de deux portions distinctes : l'une placée au pôle postérieur de l'œil, ayant une faible étendue, et jouissant d'une exquise
sensibilité dans tous ses points, quoique celle-ci soit d'autant plus
prononcée qu'on la considère plus près du centre ; l'autre, beaucoup
plus grande, encadrant la première, et dont les éléments nerveux
sont d'autant moins impressionnables ou moins nombreux qu'ils
sont situés plus près de l'*ora serrata*. Quelle est l'étendue de la petite portion ? Pour qu'un objet soit tout entier vu distinctement, il
faut que son angle visuel n'ait pas plus de 3 ou 4° en moyenne. Telle
est donc l'étendue angulaire de la partie de la rétine qui doit con-
tenir une image tout entière, pour que celle-ci soit en totalité per-

ceptible d'une manière nette. Cette partie n'est probablement pas autre chose que la *macula lutea*, qui a environ 1 millimètre et demi de diamètre.

Il n'y a pas seulement une limite à la vision des gros objets; il y en a une aussi à celle des petits détails; nous avons vu en effet qu'il en est qui, en raison de leur exiguité, ne peuvent être aperçus qu'à l'aide d'instruments grossissants. Ces détails, trop petits pour être vus à l'œil nu, viennent pourtant, y compris les plus déliés, les éléments des corps, les atomes, foyers de la lumière, dessiner leurs images dans notre œil. Y aurait-il donc des images qui se formeraient sur notre rétine sans être perçues? C'est en effet ce qui a lieu, et un examen rapide de la structure de cette membrane va nous donner la clef du phénomène.

La rétine, outre les éléments communs à tous les organes, en contient d'autres de nature nerveuse, auxquels elle doit ses propriétés spéciales. Ces éléments essentiels, pour être très-petits, n'en ont pas moins des dimensions finies et mesurables; ils ont environ $0^{mm},003$ de diamètre : or chacun d'eux ne peut transmettre au sensorium qu'une seule impression à la fois. Si donc deux objets sont assez fins, assez éloignés de l'œil, et assez rapprochés l'un de l'autre, pour que l'ensemble de leurs images intercepte sur la rétine un arc de moins de $0^{mm},003$, il est évident qu'elles tomberont sur un même élément nerveux, et ne donneront lieu qu'à une seule impression; ils ne pourront donc pas être distingués l'un de l'autre, ni, à plus forte raison, de tous ceux qui sont situés entre eux.

Qu'on observe bien que nous disons, avec tous les physiologistes, non qu'un objet isolé n'est pas perçu lorsqu'il est situé au delà du point où il forme sur la rétine une image égale aux éléments nerveux de cette membrane, mais que plusieurs objets ne sont pas distingués les uns des autres, si leurs images rétiniennes réunies n'ont pas une étendue supérieure à celle de chacun de ces éléments. Faute d'avoir fait cette remarque, M. Giraud-Teulon s'est élevé bien à tort contre l'explication précédente. Voici ses propres expressions :

« *Mesure de la sensibilité de la rétine*. Tout étant égal d'ailleurs, la qualité de la vue, la sensibilité de la rétine, joue, dans les phénomènes de vision, un rôle indépendant, comme la faculté accommodative en remplit un autre. Or le premier n'a jusqu'ici guère été considéré ; il n'a été tenu compte que des variations dans le pouvoir actif de l'accommodation. Or, sans s'arrêter à la possibilité des qualités individuelles de tact lumineux dont peut être douée la rétine chez des sujets différents, on avait cru trouver ces termes extrêmes de la finesse de la vue dans la mensuration des éléments anatomiques mêmes du tissu rétinien.

« C'était un faux point de vue ; le microscope n'arrive pas à décomposer la rétine en éléments comparables aux dimensions fournies par l'expérimentation fonctionnelle. Le microscope donne en effet pour limite inférieure aux molécules constitutives et distinctes de la rétine, environ 1 dix-millième de pouce, ou 3 millièmes de millimètre.

« Or, si l'on cherche à mesurer la dimension des plus petites images qui puissent impressionner la rétine, on rencontre les résultats suivants. »

Après avoir fait la critique de plusieurs expériences empruntées aux auteurs, il rapporte la suivante :

« Pour nous qui jouissons d'une bonne vue *ordinaire*, répétant la même expérience, nous pouvons percevoir nettement, par un jour plutôt sombre (18 novembre), un cheveu tendu sur un fond d'un blanc sale, à 5^m ou 4^m,50, tant monoculairement, qu'avec le concours des deux yeux. Le calcul donne, dans ce cas, pour la dimension de l'image rétinienne, environ 2 dix-millièmes de millimètre, 0^{mm},0002, et pour sinus ou tang de l'angle visuel, minimum 1 cinquante-millième, ce qui correspond à un angle au centre de 4", et non de 40", comme l'énonce Müller. Or cette dimension n'est guère que le dixième de celle supposée aux éléments premiers de la rétine.

« Ces chiffres montrent clairement combien peut varier la finesse de la qualité de la vue ; la dernière expérience, particulièrement, qui est loin de donner la limite dernière de la délicatesse de ce sens admirable, car nous connaissons de nombreux exemples de perception, par la rétine, d'angles visuels bien plus petits que 4", » (*Physiologie et pathologie fonctionnelles de la vision binoculaire*; § 85.)

Établissons d'abord une distinction importante. Notre œil (c'est à dessein que nous ne disons pas notre *rétine*) a deux facultés, ou plutôt deux inaptitudes, deux propriétés négatives différentes : il est inhabile à percevoir tous les détails d'un objet ; il est inhabile à percevoir toutes les quantités de lumière. Ces inaptitudes présentent des degrés variables suivant les individus, mais les variations de l'une sont indépendantes de celles de l'autre. En veut-on la preuve ? Un presbyte voit à chaque distance de petits détails qu'une personne à vue ordinaire ne peut distinguer ; il peut lire, par exemple, à 400 mètres, l'heure d'un cadran, qu'un individu dont l'œil est normal ne lit qu'à 200 mètres. D'un autre côté, après le coucher du soleil, il cesse d'apercevoir les mêmes objets placés aux mêmes distances, bien plutôt qu'un individu bien conformé. Un myope, au contraire, perçoit, à la même distance, beaucoup plus facilement les corps dans une demi-obscurité, et beaucoup moins bien, par un jour modéré, les petits détails des objets. A distance égale, un œil presbyte est donc plus inapte à percevoir de faibles quantités de lumière qu'un œil normal, et celui-ci, qu'un œil myope ; par contre, un œil myope est plus inapte à percevoir les petits détails d'un objet qu'un œil ordinaire, et celui-ci, qu'un œil presbyte. L'indépendance mutuelle des deux inaptitudes en question est donc bien réelle.

Or il est évident que le volume des plus petits détails perceptibles d'un corps est en rapport avec l'inaptitude à distinguer les uns des autres les petits objets en contact, et que le rapprochement de la limite à laquelle un objet isolé cesse d'être visible est en rapport avec l'inaptitude à percevoir de faibles quantités de lumière. Plus nous sommes impuissants à distinguer les détails d'un objet, plus sont gros les plus déliés que nous puissions apercevoir ; plus nous sommes impropres à percevoir de faibles quantités de lumière, plus est rapprochée la distance à laquelle un objet isolé cesse d'être vu.

De plus la limite de la visibilité d'un objet isolé s'éloigne à mesure que son éclat lumineux augmente ; la limite qui sépare les détails perceptibles d'un objet de ceux qui ne le sont pas reste, au contraire, la même, dès que l'intensité lumineuse de celui-ci a atteint un certain degré, quel que soit l'accroissement ultérieur de cette intensité. Si, par exemple, nous sommes incapables de lire le n° 1 de Jæger à la distanc de $0^m,40$, par un jour ordinaire, nous ne le serons pas moins dans une lumière très-vive.

Il résulte de ce qui précède que, si, pour avoir la mesure des plus petits détails d'un corps visibles à une distance donnée, mesure nécesairement invariable pour un même œil pourvu que l'intensité lumineuse soit suffisante, ou détermine celle d'un objet isolé, ayant à cette distance la limite de sa perceptibilité, on doit obtenir un chiffre variable suivant l'éclat de l'objet, et presque toujours inexact. Or tel est le procédé employé par M. Giraud-Teulon. En mesurant la plus grande distance à laquelle, par un jour sombre, il peut voir un cheveu, il a déterminé la limite de la visibilité de celui-ci par un vue identique à la sienne et placée dans les mêmes conditions d'éclairage.

Si, au lieu d'opérer sur un cheveu, il avait fait son expérience sur un bec de gaz, la nuit, dans une atmosphère bien transparente, il aurait probablement trouvé pour mesure de l'image rétinienne de la flamme un nombre inférieur à *un dixième de la dimension supposée aux éléments nerveux de la rétine.* Et si, au lieu d'un bec de gaz, il avait choisi une lumière d'une étendue égale et d'une intensité double ou triple, il serait bien certainement arrivé à un chiffre plus faible encore. Son argument n'en aurait pas été plus fort pour cela.

Pour prouver que les auteurs se sont mépris en disant qu'afin d'être perceptibles, les images rétiniennes des détails d'un objet doivent être supérieures en étendue aux éléments nerveux de la rétine, il aurait fallu qu'il démontrât que deux cheveux, deux becs de gaz, deux objets quelconques , peuvent être distingués l'un de l'autre, alors que leurs deux images réunies occupent une étendue de la rétine moindre que celle de chaque élément nerveux.

M. Giraud-Teulon s'est donc trompé en considérant la limite de la visibilité des petits détails d'un objet connu, comme étant en rapport avec le degré de la sensibilité de la rétine. Il s'est trompé encore en avançant que le degré de la sensibilité de la rétine est en rapport avec la distance de la visibilité d'un objet isolé. Notre inaptitude à percevoir de petites quantités de lumière, bien qu'un résultat de la sensibilité limitée du tissu rétinien, ne varie pas seulement avec celle-ci, mais encore avec l'éclat des images rétiniennes, lequel est lui-même différent, suivant la transparence des milieux oculaires, le degré d'ouverture de la pupille et la distance du centre optique à la rétine. De même notre inaptitude à percevoir les petits détails d'un objet, bien qu'une conséquence des dimensions finies des éléments nerveux de l'appareil sensitif, ne varie pas seulement avec celles-ci, mais encore avec l'étendue des images rétiniennes, laquelle change suivant la distance du centre optique à la paroi postérieure de la chambre oculaire.

Puisqu'une image rétinienne de moins de $0^{mm},003$ de diamètre ne peut être distinguée de celles qui la touchent, les images élémentaires que les corps observés forment dans notre œil pourront s'élargir en cercles de diffusion d'un diamètre inférieur au précédent, sans que ces corps cessent d'être vus distinctement, sans que leurs images totales cessent d'être perçues nettement.

Nous avons vu que dans toute chambre noire, les images de l'écran sont nettes tant que leurs cercles de diffusion n'égalent pas les plus petits détails visibles. On comprend sans peine que la limite, qui sépare les cercles de diffusion perceptibles de ceux qui ne le sont pas, n'est pas la même dans les deux cas, et que la différence qui existe entre les plus petits cercles de diffusion visibles dans une image extérieure à l'œil qui l'observe et les plus petits cercles de

diffusion perceptibles dans une image intérieure à l'œil qui la perçoit, est la même que celle qui existe entre les objets placés à la
même distance que la première de l'œil observateur et les images
qu'ils forment dans celui-ci.

Passons à l'iris.

L'iris est un diaphragme opaque, de nature musculaire, dont les
fibres affectent deux directions différentes : les unes circulaires bor-
dent l'ouverture pupillaire à la manière d'un sphincter; les autres radiées, s'étendant du centre à la circonférence, constituent un véritable dilatateur. Les premières déterminent par leurs contractions
une diminution de la pupille, les contractions des secondes agran-
dissent cet orifice. Le rétrécissement pupillaire a pour effet d'éliminer une partie des rayons lumineux qui pénétraient dans l'œil; son
élargissement a pour résultat d'ouvrir accès à une plus grande
masse de lumière.

Certains physiologistes, prenant en considération les raisons qui
militent en faveur de l'achromatisme et de l'aplanétisme de l'œil,
pensent que les contractions de l'iris n'ont pas d'autre action sur les
images rétiniennes que d'en graduer l'éclat. D'autres, ne croyant
ici ni à l'aplanétisme ni à l'achromatisme de la lentille oculaire, sup-
posent que l'iris sert à corriger les aberrations de sphéricité et de réfrangibilité de cette lentille. Nous n'avons pas à nous prononcer sur
cette question si controversée, parce que sa solution importe peu
à notre sujet. Nous ferons seulement remarquer qu'une des principales raisons qu'on invoque en faveur de la dernière opinion
n'a pas une bien grande valeur. Cette raison est que l'iridorémie et
la mydriase amènent dans la vision une grave perturbation que la
diminution de l'intensité lumineuse des corps ne fait pas cesser.
Nous ne pensons pas que les troubles apportés dans la vision par
l'absence de l'iris et la dilatation de son orifice soient dus à l'aberration de sphéricité et à celle de réfrangibilité, car alors cette fonction ne s'exercerait nettement à aucune distance, contrairement à ce
qu'on observe chez les individus atteints de ces affections, lesquels

voient distinctement à certaines distances déterminées. Nous croyons qu'ils proviennent, en grande partie du moins, dans le cas d'irido-rémie ou de mydriase pure et simple, sans altération du muscle ci-liaire, ce qui est bien certainement très-exceptionnel, de ce qu'une des principales fonctions de l'iris passée jusqu'aujourd'hui inaperçue n'est plus remplie par la raison que cet organe n'existe pas. Nous allons incessamment parler de cette fonction.

On a constaté que chaque fois qu'on regarde un objet rapproché, l'iris est projeté en avant, en même temps que son ouverture se ré-trécit. On en a conclu qu'il contribue à augmenter la convexité du cristallin dans la vision à de petites distances. Cramer a cherché à démontrer expérimentalement ce rôle de l'iris.

« Cramer, dit M. Marc-D. Sée, a démontré directement, sur l'œil d'un phoque de 5 semaines, que l'iris contribue à l'adaptation. Après avoir débarrassé l'organe de la graisse et des muscles, il a pu constater que la flamme d'une bougie, placée devant la cornée, se peignait exactement à la face postérieure du corps vitré, quand la distance entre l'œil et la bougie était d'environ 35 centimètres. Si alors, sans rien changer à la disposition des objets, il appliquait aux deux extrémités du diamètre transversal de la cornée les fils con-ducteurs d'un appareil électro-magnétique, il voyait immédiatement l'image devenir plus large, diffuse, et moins nettement délimitée. Ces modifications, qui était parfaitement visibles à l'œil nu, se pro-duisaient tant que l'iris était intact, et ne se montraient plus, dit Cramer, dès que l'iris eut été incisé suivant son diamètre ou détaché à sa périphérie. » (*De l'Accommodation de l'œil et du muscle ciliaire*, page 23.)

L'image cessait donc de perdre de sa netteté, pendant le passage du courant électrique, dès que la pupille devenait incapable de se di-later. Ce fait, croyons-nous, est encore la conséquence du rôle de l'iris, auquel nous faisions ci-dessus allusion et dont nous allons maintenant nous occuper.

Nous avons vu que dans toute chambre noire les cercles de diffusion, nuls au foyer conjugué, s'accroissent petit à petit à mesure qu'on s'éloigne de celui-ci, et que cet accroissement est d'autant moins rapide que l'ouverture du diaphragme est plus étroite ; les cercles de diffusion des images rétiniennes, sont donc d'autant plus petits que la pupille est plus rétrécie. Or ils cessent d'être perçus dès que leur étendue est inférieure aux éléments nerveux de cette membrane. Il découle naturellement de là les propositions suivantes : « 1° Un objet extérieur sera aperçu d'une manière distincte non-seulement lorsqu'il aura son foyer sur la rétine, mais encore toutes les fois que celle-ci sera comprise entre deux limites placées à égale distance en deçà et au delà de ce point et d'autant plus écartées l'une de l'autre que la pupille est plus étroite et que l'image focale est plus éloignée du cristallin. » 2° «Parmi les images que les différents objets extérieurs vont peindre sur la rétine, laquelle, comme on sait, n'est jamais située, dans un œil normal, au delà du foyer principal, celles qui sont simultanément perceptibles d'une manière distincte, sont en nombre notable et d'autant plus considérable que la pupille est plus rétrécie. » Les objets aperçus distinctement forment dans l'œil des images nettes, et réciproquement, des objets dont les images rétiniennes sont nettes peuvent être aperçus distinctement. Donc 3° «les objets simultanément visibles d'une manière nette sont très-nombreux et d'autant plus que l'ouverture de l'iris est plus contractée. »

Nous donnerons aux limites qui comprennent les images simultanément nettes d'un même objet, et à celles des objets simultanément distincts les noms de *première limite, limite antérieure, limite inférieure, limite rapprochée*, ou ceux de *seconde limite, limite supérieure, limite postérieure, limite éloignée*, suivant que nous voudrons désigner la plus voisine ou la plus distante du centre optique oculaire. Nous appellerons l'espace occupé par les corps simultanément distincts : *champs des objets simultanément distincts*. Cet espace a la forme d'un tronc de cône ; il est situé sur l'axe optique de l'œil ; il est limité en avant et en arrière par d eux plans perpndiculaires à cet axe et placés l'un à la distance à laquelle sont les corps qui ont sur la rétine la limite postérieure de leurs images nettes, et l'autre à la distance à laquelle sont ceux qui ont sur la même membrane la limite antérieure de leurs images nettes. Nous savons que les images rétiniennes comprises dans une petite portion circulaire de la rétine, ayant son centre sur l'axe antéro-postérieur de l'œil, sont seules perçues nettement; le champ des corps simultanément distincts est donc limité à sa périphérie par une surface de cône ayant pour sommet le centre optique oculaire, pour axe l'axe optique, et pour côté ceux d'un angle égal à celui qui serait formé par deux droites s'entre-croisant au centre optique oculaire, et passant par les deux extrémités du diamètre de la portion de rétine dont nous venons de parler.

Les trois propositions ci-dessus énumérées ne peuvent plus être, dès à présent, l'objet du moindre doute : elles sont sanctionnées et par la théorie et par leur analogie avec celles que nous avons formulées et expérimentalement démontrées dans le paragraphe précédent (voir p. 26 et 28). Néanmoins, comme elles n'ont été émises nulle part jusqu'aujourd'hui que nous sachions, nous allons leur donner à elles aussi la consécration de la méthode expérimentale.

Pour s'assurer que la vision d'un objet est distincte alors même que la rétine se trouve à une distance notable en deçà ou au delà du foyer conjugué; que le nombre des images rétiniennes simultanément nettes et l'étendue du champ des objets simultanément distincts sont toujours considérables, quelle que soit la distance de celui-ci, il suffira de se rappeler les expériences rapportées dans le § 1er de la première partie (voy. p. 12).

Pour se convaincre que ces faits sont la conséquence de la présence de l'iris dans l'œil, et qu'ils sont d'autant plus prononcés que la pupille est plus étroite, on n'aura qu'à faire les deux expériences suivantes :

1° On perce une carte de plusieurs ouvertures d'inégale grandeur et dont la plus grande ait un diamètre légèrement inférieur à celui de la pupille. On ferme un œil et on place successivement devant l'autre des trous de plus en plus petits, en commençant par le plus large. On regarde chaque fois fixement un même point, soit de l'horizon, soit du champ d'une loupe, et on constate que les limites qui comprennent les corps simultanément distincts s'écartent de plus en plus l'une de l'autre ; elles sont refoulées, l'une, presque jusqu'à l'infini, et l'autre, jusqu'à 1 ou 2 centimètres de la cornée, si on porte sa vue à une distance moyenne à travers un trou fait avec la pointe d'une épingle bien effilée.

2° On dispose une page d'imprimerie dans un endroit tel qu'elle puisse être directement éclairée par les rayons du soleil, lorsqu'on tire un écran ou un rideau. Pendant que la lumière solaire directe est interceptée, que la page est dans l'ombre, on regarde à travers une loupe placée à une assez grande distance des lettres pour que celles-ci paraissent légèrement confuses ; puis on tire brusquement le rideau ou l'écran ; la page est vivement éclairée, la pupille se contracte et les caractères deviennent d'une netteté parfaite (1).

---

(1) M. Giraud-Teulon rapporte l'expérience suivante dans le § 295 de son *Traité de physiologie et de pathologie fonctionnelle de la vision binoculaire :*

« On prend un œil tout frais de lapin albinos ; on l'enchâsse dans un écran en carton ; puis, avec un rasoir, on amincit la sclérotique sur la face postérieure, aux environ de l'insertion du nerf optique. Quand on a fort aminci cette membrane, qu'on l'a même un peu *entamée,* on expose la face postérieure de l'œil à la lumière vive d'une lampe. Si l'on présente alors un écran blanc de l'autre côté de l'écran obscur, on y voit se dessiner l'image fort agrandie et renversée de la petite perte de substance (à forme définie) opérée sur la face opposée. Les effets observés sont les mêmes que l'on produirait avec une lentille, avec cette seule différence que l'image se conserve nette pour des distances plus étendues que dans le cas de la lentille. »

Il ajoute :

« Il est évident, pour tout observateur, que les propriétés du cristallin,

Quand nous avançons que sous l'influence du rétrécissement de la pupille un objet confus est devenu distinct, nous ne voulons pas dire qu'il a acquis une netteté relative, que les centres de diffusion de son image rétinienne ont été assez réduits pour pouvoir être négligés; nous entendons par là qu'il est vu comme si son foyer coïncidait avec la rétine, que tous ceux de ses détails qui sont masqués ne le sont que par leur petitesse, que son contour et celui de toutes ses parties sont délimités d'une manière parfaitement nette, que les cercles de diffusion de son image sont devenus complétement imperceptibles. Dans le cas, par exemple, où on regarde, à travers un trou fait à une carte avec une épingle bien effilée, un

---

quoique obéissant à la formule des lentilles, ont un champ de netteté supérieur au leur. La propriété de texture de la lentille oculaire est donc bien autrement fine ou délicate que celle de la lentille sphérique la plus parfaite que l'on puisse imaginer.»

Le cristallin n'a pas un champ de netteté supérieur à celui d'une autre lentille qui aurait le même degré d'achromatisme et d'aplanatisme, la même forme, la même grandeur et le même foyer. Si, dans l'expérience ci-dessus, l'image se conserve nette dans une plus grande étendue que dans le cas d'une lentille nue, cette différence n'est pas due à ce que *la propriété de texture de la lentille oculaire est bien autrement fine ou délicate que celle de la lentille sphérique la plus parfaite que l'on puisse imaginer;* elle provient uniquement de la présence de l'iris dans l'œil qui sert à l'expérience. En disposant un diaphragme à petite ouverture très-près d'un verre convergent (soit d'un côté, soit de l'autre, mais de préférence du côté où sont les cônes lumineux les plus allongés, c'est-à-dire du côté de l'objet s'il est plus éloigné que son foyer, et du côté du foyer si celui-ci est situé plus loin que l'objet), on accroît notablement le champ de netteté de la lentille, et d'autant plus que l'ouverture diaphragmatique est plus étroite. C'est ce que l'expérience que nous avons relatée page 25 démontre d'une manière irréfragable. En comparant le champ de netteté d'un cristallin isolé à celui d'une lentille de même longueur focale et de forme ordinaire, peut-être trouverait-on le premier plus étendu que l'autre ; c'est qu'alors le cristallin serait dans le cas d'un verre convergent dont on aurait rogné les bords, opération qui aurait évidemment le même résultat que de les masquer par un diaphragme.

objet très-délié qu'on approche peu à peu de son œil, on ne lui voit rien perdre de la pureté de ses lignes, de la netteté de ses détails, on n'observe pas la moindre nébulosité autour de ses bords, tant qu'il n'atteint pas un point situé tout au plus à 1 ou 2 centimètres de la carte. Qui plus est, ses dimensions augmentent à mesure que sa distance diminue, et des détails de sa surface auparavant cachés surgissent; cela est dû à ce que son diamètre apparent s'allonge, à ce que son image rétinienne s'amplifie.

Non-seulement les physiologistes nous paraissent ne pas avoir apprécié toute l'étendue du rôle de l'iris; ils nous semblent encore ne pas avoir compris toute la portée de celui du muscle ciliaire, pas plus que le mécanisme de ses fonctions.

Dans la théorie classique de la vision, il est admis que nous voyons distinctement les objets éloignés sans effort accommodatif, et que celui-ci est d'autant plus énergique que la distance à laquelle nous regardons est moindre. Dès lors l'augmentation de la réfringence de la lentille oculaire était seule nécessaire à la vision, et jamais sa diminution; dès lors les contractions du muscle ciliaire ne devaient avoir pour objet que de comprimer le cristallin et de le rendre plus convergent; c'est, en effet, ce qui est généralement professé. Nous pensons, nous, au contraire, que ses contractions agissent de deux manières différentes sur la lentille cristallinienne; que tantôt elles renforcent la pression circulaire exercée sur cette lentille par la tonicité du muscle, et que tantôt elles la combattent. Nous avons été amené à cette conclusion par l'anatomie et par l'analogie.

Quelle est, en effet, la structure du muscle ciliaire? Il est principalement formé de deux sortes de fibres : les unes, circulaires, éminemment propres à comprimer les bords de la lentille cristallinienne; les autres, longitudinales et s'incurvant à leur partie moyenne, de manière à regarder l'axe oculaire par leur convexité, par conséquent favorablement disposées pour lutter contre la tonicité des fibres circulaires et diminuer la constriction qu'elle exerce sur le cristallin. Si donc on interroge l'anatomie sur l'espèce à laquelle appartient le muscle de Brucke, elle répond qu'il est en réalité composé de deux muscles, d'un constricteur et d'un dilatateur.

Nous nous sentons d'autant plus porté à adopter cette manière de voir et à rejeter celle des auteurs, qu'en considérant le muscle ciliaire comme un simple sphincter, ils en font un muscle sans analogue dans l'économie. Tous les constricteurs y sont, en effet, accompagnés d'un ou de plusieurs dilatateurs; c'est ce qu'on voit à la bouche, au cardia, au pylore, à l'anus, dans toute la longueur du tube digestif, au col de la vessie, dans les paupières, dans l'iris lui-même, etc. etc. Nous pouvons dire plus : tous les muscles de l'organisme ont des antagonistes, de manière que partout où une action musculaire peut se produire, une réaction également musculaire puisse la suivre. Seul, le muscle ciliaire ferait exception à la règle !

Les contractions du muscle ciliaire, disons-nous, tantôt renforcent, tantôt amoindrissent la constriction que sa tonicité exerce sur les bords du cristallin. Quels sont les résultats de ces deux actions opposées ?

La première ne peut avoir pour effet que de rapprocher les bords de la lentille de son centre et d'augmenter la courbure de ses faces; la seconde ne peut qu'éloigner les bords du centre et en rapprocher les faces. Pendant le repos des deux muscles, la forme du cristallin doit nécessairement être intermédiaire à celle que lui donnent les plus énergiques contractions du dilatateur et à celles que lui impriment les plus violentes contractions du sphincter, mais beaucoup plus rapprochée de la dernière, parce que les fibres du constricteur sont plus nombreuses et plus favorablement dirigées pour agir sur la lentille que celles de son antagoniste.

Une conséquence des modifications de forme du cristallin, c'est la diminution de la distance focale oculaire lorsque les faces cristalliniennes se bombent, et sans augmentation lorsqu'elles s'aplatissent; c'est, dans le premier cas, le rapprochement vers l'œil et le raccourcissement du champ des objets simultanément distincts; son éloignement et son allongement, dans le second cas (p. 29). Nous appellerons *champ de la vision distincte, champ des objets distincts,* l'espace que comprennent les deux limites entre lesquelles peut voyager le champ des objets simultanément distincts.

Il est évident qu'il a, comme ce dernier, la forme d'un tronc de cône; qu'il a pour limite antérieure, inférieure, etc., le point le plus rapproché que puisse atteindre la première limite des objets simultanément distincts, et pour limite postérieure, supérieure, etc., le point le plus éloigné que puisse occuper leur seconde limite; qu'il est d'autant plus étendu que l'ouverture pupillaire est plus étroite, que le centre lenticulaire est plus rapproché de la rétine, et que la puissance du muscle ciliaire est plus grande; que ses deux limites sont l'une et l'autre d'autant plus éloignées de l'œil que, pendant le repos de celui-ci, le foyer oculaire est situé plus près du cristallin.

Les auteurs se bornent à signaler comme conséquence des modifications de forme du cristallin, les déplacements du foyer oculaire; ils passent sous silence ceux du centre optique. M. Giraud-Teulon en parle, mais pour les nier; il pense que la position de ce dernier point est invariable. « Tous les phénomènes de la vision, dit-il, exigent, pour la régularité de leur accomplissement, la permanence, la fixité de ce point, le respect de ses rapports avec le globe oculaire dans toutes les circonstances possibles de la vue normale » (*Physiologie et pathologie fonctionnelle de la vision binoculaire,* p. 103). Le contraire découle manifestement de l'expérience suivante. On regarde au loin à travers un trou d'épingle très-fin, de manière à éliminer les cercles de diffusion des images rétiniennes; puis on fait un violent effort d'accommodation comme pour voir un objet très-rapproché. Aussitôt, tous les corps du champ visuel semblent se rapetisser considérablement. Les images rétiniennes ont donc diminué d'étendue; le centre optique oculaire s'est donc rapproché de la rétine (voir **p. 32**).

§ III.

CONDITIONS DE LA VISION DISTINCTE.

Eclairés par les notions de physiologie et de physique que nous avons précédemment développées, nous pouvons procéder avec un peu plus de chance de succès à la recherche des véritables conditions de la vision distincte et à celle des moyens que la nature a donnés à notre œil pour les remplir.

Une des conditions que l'image doit remplir pour être aussi nettement perceptible que possible, c'est *d'avoir un éclat déterminé, ni trop faible ni trop vif;* en d'autres termes, il faut, en admettant que la rétine jouisse d'une sensibilité normale et invariable, que la somme des rayons lumineux qui concourent à la formation de l'image, supposée d'une grandeur constante et au pôle postérieur de l'organe, soit toujours la même; c'est ce dont on ne peut douter en se rappelant que l'excès et le défaut de lumière nuisent également à la perception distincte des objets, et que le degré d'ouverture de la pupille est toujours en rapport avec l'intensité lumineuse du champ visuel.

Lorsque l'orifice pupillaire se dilate, la proportion des rayons envoyés dans l'œil par un même corps et l'éclat de l'image rétinienne de celui-ci augmentent. A mesure qu'un objet s'éloigne, l'étendue de son image rétinienne diminue à peu près en raison inverse de la distance, et son éclat décroît beaucoup plus rapidement encore à cause de l'augmentation des couches d'air interposées, et parce que le quantité des rayons envoyée par un même corps sur une même surface est en raison inverse du carré de la distance; quand le centre optique oculaire s'écarte de la rétine, la grandeur des images rétiniennes augmente, et, par conséquent, leur éclat diminue. Or, si nous regardons un objet qui s'éloigne peu à peu de notre œil, à mesure que sa distance s'accroît, notre pupille se dilate et le centre optique s'écarte légèrement du fond de l'organe visuel. Deux causes tendent donc à aviver l'éclat de son image : la réduction de celle-ci par suite de l'éloignement de l'objet, et l'élargissement de la pupille; deux autres tendent à l'affaiblir : la diminution des rayons lumineux qui concourent à sa formation, et son amplification par suite du déplacement du centre optique. Les deux derniers l'emportent de beaucoup sur les deux autres. Si, en effet, elles se contrebalançaient, deux objets placés à des distances différentes et donnant sur la rétine des images de même grandeur, seraient vus aussi distinctement l'un que l'autre, quelle que fût l'intensité lumineuse du champ visuel ; or il est facile, le soir, à mesure que la nuit se fait, de s'assurer du contraire.

Puisque la clarté de l'image d'un objet diminue à mesure qu'il s'éloigne, il est une distance déterminée, unique, où il donne à son image rétinienne l'éclat le plus favorable à sa perception nette : s'il est placé au delà, la clarté de son image est trop faible; s'il est situé en deçà, elle est trop vive. Cette distance, qui varie nécessairement avec l'éclat du corps, est évidemment celle où nous le mettrions instinctivement pour l'observer, s'il remplissait les autres conditions de la vision distincte, également bien et avec une égale facilité, quelle que fût sa position.

Une autre condition, évidente d'elle-même, pour qu'un objet soit vu nettement, c'est que *l'image qu'il forme sur la rétine soit nette.*

On sait qu'on s'accorde aujourd'hui à ne considérer comme nette que l'image focale, d'où l'on conclut que puisque la vision est distincte depuis les distances les plus reculées jusqu'à un point que les uns placent à $0^m,25$, d'autres à $0^m,15$, d'autres à $0^m,08$ de notre œil, celui-ci est organisé de telle sorte qu'il peut successivement amener sur la rétine le foyer de tous les corps, depuis les plus éloignés jusqu'à ceux qui sont placés au point ci-dessus.

L'observation attentive des faits nous a amené à repousser les propositions précédentes comme inexactes, et adopté les suivantes qui nous paraissent inattaquables. L'image d'un objet n'est pas seulement nette au foyer de celui-ci, mais dans un espace qui s'étend au delà et en deçà de ce point d'autant plus loin que la pupille est

plus étroite, espace que nous avons désigné sous le nom de *champ
des objets simultanément distincts*. Cet espace peut être rapproché
jusqu'à la limite antérieure de la vision distincte et éloigné jusqu'à
la limite postérieure. Lorsque nous ne regardons aucun objet, que
les agents de l'accommodation oculaire sont inactifs, que notre œil
est au repos, il est à une distance unique des corps dont le foyer correspond à notre rétine. Pour les voir nettement, nous n'avons nul besoin
d'une modification intérieure de notre organe; il nous suffit de diri-
ger son axe optique vers eux. Leur image rétinienne est alors à leur
foyer et à égale distance des limites qui comprennent leurs images
simultanément nettes. Dans la vision distincte de tout objet situé au
delà de ces corps, l'image qu'il peint sur notre rétine est comprise
entre son foyer et la limite postérieure de ses images simultanément
nettes, d'autant plus loin du premier et plus près de la dernière
qu'il est lui-même plus éloigné des corps qui, lorsque nous les regardons, forment leur image focale sur notre membrane nerveuse
oculaire. Lors de la vision nette de tout objet situé en deçà de ces
derniers, son image rétinienne se trouve entre son foyer et la limite
antérieure de ses images simultanément nettes, d'autant plus rapprochée de celle-ci et plus éloignée de celui-là, qu'il est plus distant
des corps qui ont leur foyer sur notre rétine pendant le repos de
notre œil. Si l'objet vu nettement est placé à l'une des limites de la
vision distincte, son image rétinienne est elle-même située à la limite
postérieure ou antérieure de ses images nettes, à la plus grande
distance possible de son foyer.

L'effort accommodatif, nul lorsque nous regardons à la distance
à laquelle notre œil est adopté pendant le repos du muscle ciliaire,
est d'autant plus énergique, et, partant, plus pénible que notre vue
se porte plus loin de ce point, soit en deçà, soit au delà. C'est évidemment en ce point que nous tendrions instinctivement à placer le
corps observé, si, quelle que fût sa position dans le champ des objets distincts, les autres conditions de sa vision nette étaient toujours
remplies avec la même facilité et la même précision.

Outre les deux conditions précédentes relatives à sa netteté et à son éclat, l'image, pour être perçue nettement, doit en remplir une troisième relative à sa grandeur.

Rappelons-nous qu'il y a une limite à la vision des petits détails, et une autre à la vision distincte des gros objets ; que ces limites sont deux angles ayant leur sommet au centre optique oculaire, et mesurés, l'un par le diamètre des éléments nerveux de la rétine, et l'autre par celui de la tache jaune.

Donc, *pour qu'un objet soit aperçu tout entier d'une manière nette et distinguée des corps voisins, il faut que son image rétinienne ait un diamètre inférieur à celui de la tache jaune, et supérieur à celui des éléments nerveux de la rétine.*

Dans toute chambre obscure, la grandeur de l'objet et celle de l'image (supposée nette) qu'il forme sur l'écran sont dans le même rapport que leurs distances respectives au centre optique : les corps de la nature ayant des dimensions très-diverses, et l'étendue de leurs images rétiniennes devant être comprise entre deux limites fixes, il résulte du principe de physique que nous venons de rappeler, que le rapport de la distance qui sépare l'objet observé du centre optique oculaire par celle qui existe entre celui-ci et la rétine doit être très-variable, et d'autant plus grand que l'objet est plus volumineux.

Pour que la condition ci-dessus formulée pût être remplie, quelle que fût la distance du corps regardé, il faudrait donc que notre œil possédât la propriété de faire varier, dans des limites très-larges, la distance de son centre optique à la rétine. C'est ce qui a lieu probablement chez certains oiseaux, qui peuvent distinguer de petits détails, et à la faible distance de leur bec, et à l'énorme distance qui les sépare du sol quand ils planent dans les airs. Chez l'homme, cette faculté existe aussi, mais à un bien moins haut degré. Nous savons que si l'on regarde à travers un trou très-étroit alternativement près et loin, les corps paraissent se rapetisser dans le premier cas, ce qui ne peut être dû qu'au transport du centre optique vers le pôle postérieur de l'œil, et s'agrandir dans le second, ce qui ne peut provenir que du retour de ce point vers le pôle antérieur. Mais combien les variations de grandeur que les déplacements du centre optique oculaire apportent dans les images rétiniennes sont loin de compenser les variations en sens contraire qu'y produisent les changements de position des objets dans la direction de l'axe optique de l'œil !

La distance du centre optique à la rétine ne pouvant varier que dans une faible étendue, force nous est bien de faire varier celle de ce point à l'objet regardé, suivant les dimensions de celui-ci : plus l'objet observé est petit et plus il doit être rapproché de l'œil. Cependant, comme toute image rétinienne comprise par sa grandeur entre la tache jaune et les éléments nerveux de l'œil est nettement perceptible, et que le centre optique oculaire est d'autant plus près de la cornée que l'objet observé est plus éloigné, celui-ci est distinctement visible, non en un point unique, mais dans un espace assez considérable, que nous désignerons par le nom de *champ de la vision distincte de cet objet*, et ses limites par celui de *limites de la vision distincte de cet objet*.

Quand nous disons qu'un objet est nettement aperçu entre deux limites assez distantes l'une de l'autre, et placées l'une au point où il donne une image rétinienne de la grandeur de la tache jaune, et l'autre au point où il fournit une image de l'étendue des éléments nerveux de la rétine, nous prenons ces mots *voir nettement* dans leur acception stricte et rigoureuse. Nous voulons dire tout ce qu'ils expriment, mais rien de plus. On va nous comprendre.

Plaçons-nous à quelques mètres de distance d'un objet de dimension assez considérable, d'un portrait par exemple de grandeur naturelle ; regardons-en fixement un point quelconque ; nous verrons nettement autour de celui-ci dans une certaine étendue. Imaginons que la portion de tableau ainsi aperçue distinctement soit occupée tout entière par la région orbitaire, autrement dit, que l'image de celle-ci recouvre juste la tache jaune ; nous aurons la perception nette et de cette région, et de tous les détails perceptibles dont elle se compose, paupière, pupille, etc. ; supposons que le détail perceptible le plus délié soit une petite éminence verruqueuse de la paupière supérieure. De ces parties, orbite, paupière, pupille, etc., verrue, de ces objets distinctement perceptibles, le premier est situé à la limite antérieure de la vision distincte, le dernier à la limite postérieure de la sienne, les autres en des points intermédiaires aux limites de la leur. Nous sommes donc en droit de dire qu'un objet est vu distinctement lorsqu'il est placé entre les limites de sa vision nette.

Promenons maintenant notre regard sur les différents points du tableau ; nous arriverons de la sorte à nous faire une idée complète du portrait, quoique situé bien en deçà du champ de sa vision nette ; mais remarquons que, rigoureusement parlant, nous ne l'aurons pas vu distinctement. Voir un objet, en effet, c'est l'embrasser d'un seul regard, c'est apercevoir en même temps tout son contour, c'est recevoir l'impression simultanée de toutes ses parties, ou tout au moins de toutes ses parties extérieures placées du côté de l'œil observateur. Voir une partie d'un corps, ce n'est point voir ce corps ; voir la fenêtre d'une maison, ce n'est point voir cette maison. Lors donc que nous prenons l'idée d'un objet en le regardant à une distance inférieure à celle de la limite antérieure de sa vision distincte, nous ne voyons pas, dans le sens rigoureux du mot, cet objet distinctement ; nous ne faisons que voir successivement ses différentes parties d'une manière nette ; c'est par une opération intellectuelle subséquente, qui nécessite l'intervention de la mémoire, que, juxtaposant, en quelque sorte, les idées successives et partielles que nous avons acquises, nous créons l'idée une et entière de l'objet en observation. Dans ces cas encore, pourtant, on est dans l'habitude de dire que celui-ci est *aperçu nettement*. Si nous prenons ce mot dans son acception la plus large, nous devons donc dire qu'un corps est vu nettement non-seulement entre les limites de sa vision distincte, mais à toute distance comprise entre la première limite de la vision distincte en général et le point où il donne une image rétinienne égale en étendue aux éléments nerveux de la rétine. Nous appellerons cet espace *champ d'observation de cet objet.*

Est-ce à dire qu'un corps à observer sera indifféremment placé à toute distance renfermée entre les limites de son champ d'observation, s'il remplissait les autres conditions de la vision distincte partout avec la même facilité et avec le même précision? Loin de là. Le même objet serait au contraire toujours placé instinctivement à la même distance. C'est du moins ce que rend présumable la considération des inconvénients qu'il y aurait à le placer à l'une ou à l'autre des limites, entre lesquelles, usuellement parlant, il peut être vu distinctement. S'il était situé à la limite postérieure, il ne nous apparaîtrait que comme un point; nous ne pourrions connaître ni sa forme ni aucun de ses détails ; pour l'apercevoir aussi bien que possible, nous serions forcés d'amener son image au centre de la *macula lutea*, plus impressionnable que le reste de la tache, de l'y maintenir fixement et exactement ; il en résulterait la nécessité d'une précision très-grande, et partant fatigante, dans les contractions des muscles extérieurs au bulbe oculaire, la suspension des mouvements respiratoires, une attention plus soutenue de l'encéphale, etc. S'il était situé à la limite antérieure, comme nous n'en verrions simultanément qu'une faible partie pour peu qu'il fût étendu, nous serions obligés de porter notre axe optique dans des directions très-nombreuses et très-diverses, et par conséquent de contracter énergiquement les organes chargés de mouvoir le globe oculaire; le travail intellectuel que nous aurions à faire pour concevoir l'idée entière de l'objet serait plus long et plus difficile, à cause de la multiplicité des impressions. Ne pouvant point ou ne pouvant que difficilement prendre une idée exacte et complète de l'objet à ces deux points extrêmes, nous tendrions naturellement à l'éloigner de l'un et de l'autre pour le porter à la distance qui exigerait le moins de fatigue musculaire et de tension d'esprit, tout en permettant d'en acquérir une notion suffisante.

Comme les mouvements de totalité du globe oculaire s'exécutent avec une grande facilité et une grande précision, tant qu'ils restent renfermés dans des limites étroites, et comme nous nous formons d'autant mieux l'idée d'un objet que nous en connaissons plus de détails, il est encore présumable que la distance à laquelle nous placerions celui-ci pour l'observer serait supérieure à celle de la limite antérieure de sa vision distincte, et quelle serait telle que nous apercevrions toujours d'une manière nette et simultanée une même fraction de son étendue.

Nous venons de raisonner dans l'hypothèse que les deux autres conditions de la vision distincte étaient réalisées avec la même facilité et au même degré à toutes les distances du champ des objets distincts. Or nous savons qu'il n'en est rien ; qu'il est un point auquel l'œil est ajusté sans effort, et que les contractions des agents actifs de l'accommodation sont d'autant plus énergiques que la vision s'exerce à une distance plus éloignée de ce point. Nous savons également que les objets qui donnent une image rétinienne d'un éclat aussi favorable que possible à sa perception sont tous placés à la même distance, et que plus un corps en est éloigné et plus l'éclat de son image rétinienne pèche par défaut ou par excès.

Il est donc presque toujours trois points différents où nous tendons à porter le corps à observer, et comme il ne peut les occuper tous à la fois, il est instinctivement mis à une distance telle qu'il y ait équilibre physiologique entre ces trois tendances opposées.

Il découle de ces considérations théoriques qu'un même corps, dans les mêmes conditions d'éclairage, doit instinctivement être toujours placé à la même distance ; c'est aussi ce qui résulte de l'observation. Ainsi pour lire le texte n° 1 de Jæger, un individu à vue normale le met à peu près à $0^m,15$ de son œil ; un livre imprimé en caractères ordinaires, il le tient à environ $0^m,25$. Il se pose à environ 20^m pour juger de l'ensemble d'une statue de grandeur naturelle, à 5^m pour en voir le visage, à 1^m pour en examiner le nez, à 0^m,15 pour en explorer la caroncule lacrymale. La distance à laquelle nous plaçons un objet à observer est ordinairement bien moindre que celle de la limite antérieure de sa vision distincte, à moins qu'il ne soit très-petit; elle est telle que nous ne voyons guère d'une manière nette et simultanée que le cinquième ou le sixième de son étendue, telle par conséquent que son image rétinienne est quintuple ou sextuple de la tache jaune.

Nous appellerons la distance à laquelle nous plaçons instinctivement un objet à observer *distance d'observation de cet objet*.

On s'étonnera peut-être que nous employons une nouvelle dénomination, alors que l'usage a depuis longtemps consacré celle de *distance de la vision distincte de chaque objet*.

D'abord, cette dernière locution s'applique fort mal à ce que nous voulons désigner, car, en définitive, ce n'est point l'objet lui-même que nous apercevons distinctement à la distance à laquelle nous le plaçons pour l'observer, mais seulement une portion de sa surface, laquelle portion peut être vue nettement non-seulement en ce point, mais dans toute l'étendue du champ de sa vision distincte.

Ensuite, il est bien difficile de savoir quelle est la signification que les auteurs attachent à cette expression. Effectivement les uns placent invariablement à 0^m,25 la distance de la vision distincte de chaque objet; d'autres, pensant que cette distance est variable, lui assignent pour limites extrêmes ceux-ci 0^m,20 et 0^m,30, et ceux-là 0^m,20 et 0^m,45. Et ce ne sont pas quelques personnes isolées qui attribuent un champ aussi restreint à la vision distincte des corps; ce sont tous les physiologistes, même ceux qui disent qu'on peut voir nettement jusqu'à l'infini. Il est vrai que quelques-uns d'entre eux, reconnaissant que l'on ne se place pas à 0^m,25 d'une montagne qu'on veut voir, après avoir dit que ce chiffre est la mesure de la distance de la vision distincte, ajoutent entre parenthèses (des moyens et petits objets).

Que veut-on dire quand on avance que la distance de la vision distincte est de $0^m,25$? Entend-on par là que si le corps observé est placé en deçà ou au delà de ce point, sa vision est rendue confuse par la présence des cercles de diffusion dans son image rétinienne? Non : peu d'auteurs n'admettent pas que les objets éloignés forment des images nettes dans notre œil. Veut-on dire que c'est à cette distance que l'on distingue le mieux les petits détails? Non : tout le monde sait que l'on peut voir $0^m,10$ ou $0^m,12$ de petits objets invisibles au delà. Veut-on dire que la vision cause moins de fatigue à cette distance qu'à toute autre? Non : on s'accorde à admettre que l'effort accommodatif, nul quand on regarde au loin, devient de plus en plus pénible à mesure que le corps observé se rapproche. Il n'est donc pas aisé de savoir ce qu'on entend par les mots de distance de la vision distincte.

Il est moins difficile, croyons-nous, de savoir pourquoi on a évalué cette distance à $0^m,25$. C'est évidemment parce que *le plus souvent* nous plaçons à peu près en ce point l'objet à observer. C'est là que nous mettons ordinairement le livre que nous lisons, la feuille de papier sur laquelle nous écrivons ; c'est là que l'artiste et l'ouvrier tiennent fréquemment les objets de leur travail, etc. etc. De ce que le plus souvent nous plaçons les corps à observer à cet endroit, on a conclue que nous y voyons plus distinctement que partout ailleurs, sans chercher à expliquer cette conclusion inexplicable d'ailleurs, parce qu'elle n'est pas vraie.

Si c'est *le plus souvent* à cette distance que le corps à observer est amené, il n'en est pas *toujours* ainsi. Si, pour lire, nous nous plaçons à $0^m,25$ d'un livre imprimé en caractères moyens, nous nous mettons à $0^m,15$ du n° 1 de Jæger et à plusieurs mètres d'une affiche dont les lettres sont très-grandes. Si un peintre crayonne les détails ordinaires à $0^m,25$, il dessine les détails excessivement fins à $0^m,12$ ou $0^m,15$, il trace de grands traits à 1 mètre et plus, avec un long pinceau tenu à bras tendu. La distance à laquelle nous plaçons instinctivement un corps pour le voir aussi bien que possible et que nous avons appelée distance d'observation du corps varie avec son volume; elle est d'autant plus grande que celui-ci est plus considérable ; suivant les dimensions du corps, elle peut occuper tous les points depuis la limite antérieure de la vision distincte, jusqu'à la limite postérieure.

Malgré cette grande variabilité de la distance d'observation, *le plus souvent* pourtant c'est à $0^m,25$ que nous plaçons les corps à observer. La raison en est que nous sommes obligés, *le plus souvent,* de travailler sur des objets, de connaître des détails dont la distance d'observation se trouve en ce point ; ceux que nous y plaçons ont en effet tous à peu près les mêmes dimensions. Le grand nombre des objets usuels ayant environ $0^m,25$, leur distance d'observation ne doit point surprendre. La nature devait les créer en grande quantité et l'homme les multiplier de plus en plus, par la raison toute simple que cette distance est la même que celle à laquelle sont placées nos mains dans l'état de flexion des coudes le plus favorable à la force, à la multiplicité et à la variété des mouvements de nos doigts.

§ IV.

DE L'ACCOMMODATION.

Éclat ni trop vif ni trop faible, étendue ni trop grande ni trop petite, netteté parfaite de l'image : telles sont les trois conditions de la vision distincte. Nous avons exposé successivement les modifications particulières qui s'effectuent dans notre œil, à l'effet de remplir chacune de ces conditions considérées à part les unes des autres, à l'effet de l'accommoder à l'éclat, à l'étendue et à la distance de l'objet observé. Nous allons dans ce paragraphe considérer ces modifications dans leur ensemble, étudier l'accommodation en général.

L'œil se modifie dans deux circonstances bien différentes : quand la quantité de lumière envoyée dans son intérieur varie ; quand la distance à laquelle il regarde, change. Il y a donc deux espèces d'accommodation : l'une, que nous appellerons *accommodation à l'intensité lumineuse* du champ visuel ; l'autre, que nous nommerons *accommodation à la distance* de l'objet observé.

La première est une fonction involontaire ; elle dépend de la vie organique ; la seconde est une fonction de la vie animale ; elle est soumise à l'empire de la volonté.

L'iris est le principal organe de l'accommodation à l'intensité lumineuse. Son orifice, en supposant le muscle ciliaire à l'état de repos ou à un même degré de contraction, est en rapport avec l'intensité de l'impression lumineuse éprouvée par la rétine. Il est d'autant plus étroit que les rayons lumineux qui pénètrent dans l'œil sont plus nombreux et plus concentrés sur la partie la plus impressionnable du tissu rétinien, la plus rapprochée du *foramen centrale*.

L'iris est-il le seul organe de l'adaptation à l'intensité lumineuse ? Le muscle ciliaire et par conséquent le cristallin ne concourent-ils pas à l'accomplissement de cette fonction ? Chacun de ses muscles est composé d'un dilatateur et d'un constricteur ; chacun d'eux joue un rôle dans l'accommodation à la distance : poursuivant l'analogie, ne pourrait-on pas admettre qu'ils contribuent tous deux à augmenter ou diminuer l'éclat des images rétiniennes, suivant qu'il est trop faible ou trop vif ; l'iris en graduant la lumière qui pénètre dans le chambre oculaire ; le muscle ciliaire en faisant varier la grandeur des images ? Si tel était le mécanisme de l'accommodation à l'intensité lumineuse, le constricteur iridien serait l'antagoniste du constricteur ciliaire dans cette fonction et son congénère dans l'accommodation à la distance ; le dilatateur ciliaire et le dilatateur pupillaire seraient de même antagonistes dans le premier cas et congénères dans le second.

Nous inclinons assez vers cette opinion en faveur de laquelle militent plusieurs raisons. Ainsi la lumière éclatante est une cause de presbytie et la lumière insuffisante une cause de myopie ; après l'opération de la pupille artificielle, alors même que ni le cristallin ni le muscle ciliaire n'ont été intéressés, l'usage de lunettes convergentes devient nécessaire ; si l'on regarde à travers deux petits trous d'épingle, dont la distance soit moindre que l'ouverture pupillaire, le point regardé n'est plus placé entre les deux limites des objets simultanément distincts à toutes les distances de la vision distincte normale ; il est situé au delà, pour peu qu'il soit éloigné, ce qui a porté quelques auteurs à dire que le champ de la vision distincte ne s'étendait pas au delà de $0^m,25$ et quelques autres au delà de $0^m,45$. Sans doute ces faits sont peu nombreux et ils ne sont pas sans réplique ; aussi ne nous prononçons-nous pas d'une manière définitive et suspendons-nous notre jugement sur ce point.

Les trois organes de l'accommodation à la distance sont l'iris, le muscle ciliaire, et le cristallin. Ce dernier, grâce aux contractions du muscle de Bruecke, est d'autant plus convexe, et par conséquent plus convergent, que la vision s'exerce à une plus faible distance ; l'ouverture iridienne est d'autant plus étroite, dans les mêmes conditions d'intensité lumineuse, que l'objet observé est plus rapproché. Ce sont là des faits aujourd'hui irrévocablement acquis à la science.

La courbure des faces cristalliniennes atteint-elle son minimum pendant le repos du muscle de Bowmann, et celui-ci continue-t-il un simple constricteur ? ou bien peut-elle diminuer sous l'influence des contractions des fibres longitudinales du muscle ciliaire qui alors agirait tantôt comme constricteur et tantôt comme dilatateur ? La première opinion est celle de tous les physiologistes. Nous pensons que la seconde est la seule vraie. Aux raisons que nous avons déjà formulées à l'appui de notre manière de voir (voy. p. 48), nous allons en ajouter quelques autres d'un ordre différent.

Quand les auteurs disent que, pendant l'état de repos, d'indifférence des agents accommodateurs, la longueur focale de l'œil est aussi allongée que possible, que celui-ci est adapté aux plus grandes distances que la vision distincte puisse atteindre, ils énoncent ce fait, non comme une vérité connue *a priori*, comme un résultat de l'observation, comme l'un des principes de leur théorie, mais au con-

traire comme une conséquence de celle-ci. Ils ne disent point :
« Pendant le repos des muscles l'œil est adopté aux grandes distances,
donc que les contractions du muscle de Brueke ne tirent le cristallin
de son état d'indifférence que pour le rendre plus convergent, »
mais : « le muscle ciliaire ne peut que comprimer le cristallin, donc
que c'est pendant l'inaction de ce muscle que l'œil est adapté aux
grandes distances, sans même chercher à vérifier leur déduction.
Nous avons établi, par des considérations anatomiques et en vertu
des lois d'une légitime analogie, que le muscle de Bowmann est à
la fois un dilatateur et un constricteur et non un simple sphincter,
et par conséquent que la conclusion des auteurs est en opposition
avec la théorie. Nous allons maintenant montrer qu'elle est également
en désaccord avec l'observation.

Qu'on s'étudie à déterminer la distance à laquelle l'œil est ajusté
pendant son repos ou dans un état voisin du repos, alors par
exemple qu'on sort du sommeil, alors qu'on ne regarde aucun
objet, qu'on laisse ses regards errer au hasard ; qu'on s'applique à
sentir ce qui se passe dans l'œil, lorsqu'on porte sa vue au loin et
lorsqu'on l'y maintient longtemps : jamais, dans le premier cas, on
ne surprendra ses yeux accommodés à la distance des objets lointains, et pour passer de cet état d'indifférence à celui qui convient
à la vision nette des corps éloignés, on sera obligé de faire un
effort dont on aura parfaitement conscience. Cet effort ne pourra
se prolonger très-longtemps sans déterminer dans l'œil une tension
douloureuse, de la pesanteur, des picotements, qui feront place à
une sorte de détente, à un véritable bien-être, quand on ramènera
sa vue aux distances moyennes.

On peut voir nettement à travers une loupe jusqu'à une certaine
distance que nous déterminerons ultérieurement, mais on ne peut
maintenir indéfiniment son œil adapté à cette distance ; au bout
d'un certain temps, on éprouve le besoin de ramener sa vue en deçà,
et ce n'est qu'après un repos assez prolongé qu'on se sent apte à
transporter de nouveau au même point la limite postérieure des

objets simultanément distincts. Tous les instruments d'optique à image virtuelle déterminent également de la fatigue oculaire.

Nous disions tout à l'heure que si on regarde à travers deux petits trous d'épingle, dont la distance soit moindre que le diamètre de la pupille, un objet situé à 2, 3 ou 4 mètres est vu double. On peut expliquer ce fait de deux manières : on peut admettre que l'œil devient momentanément myope par suite de la petite quantité de lumière qui impressionne les rétines, ou bien que l'adaptation, ayant pour but principal de dissiper les cercles de diffusion de l'image perçue, agit faiblement dans le cas actuel, où l'objet observé donne une image double il est vrai, mais parfaitement nette, alors même que sa distance est différente de celle à laquelle le cristallin est adapté. Quelle que soit l'interprétation de ce fait, il vient à l'appui de notre opinion. Que l'œil soit myope ou presque inactif, il résulte de la duplicité d'images qu'à l'état de repos, il serait accommodé à une distance moindre que celle de l'objet ; or celui-ci devient simple, si l'on regarde au delà du point qu'il occupe.

M. Desmarres, après avoir décrit le procédé ophthalmoscopique de l'image renversée, dit :

« Si l'on veut grandir l'image renversée, on éloigne de l'œil la lentille convexe que l'on tient de la main gauche, ou bien on arme la fourche d'un verre convexe du n° 6 à 10 ou 12, et l'on se rapproche de l'œil du malade, plus ou moins, suivant la force du verre employé. »

Ce dernier verre fait évidemment l'office de loupe ; il refoule l'image au loin en la grossissant, et place ces rayons dans le parallélisme ou dans un état voisin du parallélisme.

« Ce dernier appareil *fatigue beaucoup* l'œil de l'observateur, et, comme pour l'image droite, il ne faut y avoir recours *qu'avec une certaine modération* » (*Traité théorique et pratique des maladies des yeux*, t. III, p. 770).

Après avoir exposé le procédé de l'image droite, procédé qui consiste à regarder l'œil malade à travers l'ouverture de l'ophthalmoscope, soit sans interposition de lentille, dans lequel cas les rayons des détails de la rétine arrivent à l'œil observateur à l'état de convergence, de parallélisme ou de divergence légère, suivant que l'œil en observation est normal ou presbyte, soit en interposant une lentille concave, dans lequel cas les rayons des détails observés sont rendus parallèles ou légèrement divergents, M. Desmarres ajoute :

« L'observation de l'image droite, je le répète, est réservée seulement à l'étude des finesses de détail, et, à cause de la *fatigue* qu'elle occasionne au médecin, on n'y doit recourir qu'avec *une certaine prudence*. Plusieurs de mes élèves en ont souvent ressenti des *douleurs* qui se sont prolongées jusqu'au lendemain, et moi-même j'ai bien souvent été atteint d'une *névralgie* frontale qui n'avait pas d'autre origine. » (P. 771.)

Certes, on ne peut nier des faits aussi catégoriquement formulés par un observateur de cette trempe (1). Il faut donc les déclarer com-

---

(1) En relisant, après avoir écrit ces lignes, les leçons de M. Follin sur l'application de l'ophthalmoscope, nous avons été frappé par le passage suivant :

« Ce procédé (celui de l'image droite) donne des images très-nettes ; mais on lui reproche de fatiguer l'œil de l'observateur. Cet inconvénient est certainement plus apparent que réel, car, avec un verre biconcave quelconque, on peut toujours, en se plaçant convenablement, obtenir une image virtuelle située à la distance de la vision distincte. Les personnes qui voudront s'exercer à la manœuvre de cette espèce de lunette de Galilée parviendront toujours à se placer dans de bonnes conditions de visibilité, sans fatigue de l'œil. » (P. 18.)

Ainsi M. Follin n'admet pas les dangers du procédé de l'image droite signalés par M. Desmarres, parce que « avec un verre biconcave quelconque, on peut toujours, en se plaçant convenablement, obtenir une image virtuelle située à la distance de la vision distincte, » c'est-à-dire à $0^m,25$, si l'œil observateur est normal, « à une distance qui varie de 5 à 45 centimètres, suivant les divers degrés de myopie ou de presbytie » (p. 15), s'il est myope ou presbyte. C'est reconnaître

plétement inexplicables, si les efforts d'adaptation sont d'autant moins énergiques que la divergence des rayons des corps observés est moins

---

implicitement que si l'image était située au delà de ce point, sa vision prolongée serait fatigante et dangereuse. Mais cela ne nous suffit pas; nous croyons fermement aux inconvénients observés par M. Desmarres, et nous tenons à justifier ce que nous avons avancé ci-dessus, à savoir que, dans les divers procédés de l'image droite, celle-ci envoie dans l'œil observateur des rayons à l'état de parallélisme ou dans un état voisin, et non au degré de divergence que présentent ceux d'un objet situé à $0^m,25$.

M. Follin a été ici induit en erreur par cette fausse idée, partagée d'ailleurs par un grand nombre de physiologistes, que la distance de la vision distincte est invariablement, à l'état normal, de $0^m,25$, et que, du moment qu'un objet est vu d'une manière nette, il est réellement ou virtuellement placé à cette faible distance. Le contraire découle manifestement de la manière dont on se sert de la loupe et de la lunette de Galilée.

Le but qu'on se propose ordinairement, lorsqu'on fait usage d'une loupe, c'est de grossir le plus possible l'objet en observation. On l'éloigne donc de l'instrument autant que faire se peut sans que sa netteté soit altérée. Or, si l'œil observateur est normal, l'objet est alors placé à peu près au foyer principal; ses rayons sont donc parallèles en deçà du verre; son image virtuelle est donc située à l'infini et non à $0^m,25$. Loin qu'elle soit placée à cette dernière distance, l'instrument est lui-même le plus souvent tenu au delà.

Il en est de même quand on se sert de la lunette de Galilée, qui n'est autre chose qu'une loupe à foyer principal, à centre optique et à centre lenticulaire variables. Ce qu'on se propose, c'est d'amener son foyer au point occupé par l'objet observé. Si celui-ci était situé à une distance égale à celle du foyer de l'objectif, l'oculaire serait inutile; mais, comme il est toujours beaucoup plus éloigné, on annexe au verre convergent qui constitue l'objectif de la lorgnette un verre divergent qui en forme l'oculaire et qui en allonge d'autant plus la longueur focale que la distance qui le sépare de la première lentille est moindre (voir p. 33). Placé au delà du foyer, le corps en observation serait vu trouble; placé en deçà, il ne serait pas suffisamment grossi. On dispose donc les deux verres à une distance l'un de l'autre telle que le foyer principal coïncide à peu près avec l'objet observé; aussi il n'est personne qui n'ait remarqué que la lunette de spectacle fatigue beaucoup les yeux.

Or quelle est la distance virtuelle de la rétine dans les procédés ophthalmos-

grande et si à l'état de repos l'œil est accommodé aux distances les plus reculées du champ de la vision distincte. Singulier repos, en

copiques de l'image droite? Elle est au moins aussi grande que celle des objets observés avec une loupe ou avec une lorgette.

Si l'œil en observation est normal ou presbyte, c'est-à-dire si la rétine est située un peu au delà du foyer oculaire, en ce point, ou légèrement en deçà, on se borne à regarder dans son intérieur à travers l'ouverture de l'ophthalmoscope, sans interposer de lentille concave; les rayons des détails du fond de la cavité oculaire arrivent dans l'œil observateur à l'état de divergence légère, de parallélisme ou de convergence modérée (nous verrons plus loin pourquoi, dans ces circonstances, un œil normal peut apercevoir distinctement des objets dont les rayons sont un peu convergents). Si l'œil exploré est myope, c'est-à-dire si son foyer est situé notablement en deçà de la rétine, on interpose un verre divergent, gradué de telle sorte que le foyer oculaire soit reculé à peu près jusqu'à cette membrane; les rayons émanés de celle-ci sont donc encore parallèles ou dans un état voisin du parallélisme lorsqu'ils frappent la cornée de l'observateur. Dans le premier procédé, la lentille oculaire de l'œil observé fait l'office d'une loupe simple, d'une loupe à foyer fixe (en supposant toutefois que son état accommodatif ne varie pas pendant l'exploration). Dans le second procédé, la lentille oculaire est le verre concave constituent une véritable lunette de spectacle, une loupe à foyer variable.

Sans doute, en employant une lentille assez forte et en la rapprochant assez de l'œil observé, on peut donner à l'image virtuelle une distance beaucoup moindre que l'infini, rendre ses rayons plus ou moins divergents; mais ce n'est pas ce qu'on fait habituellement. Quand on a recours au procédé de l'image renversée, c'est pour grossir les détails le plus possible, et voir des particularités que le procédé de l'image renversée, plus commode et plus facile, mais n'amplifiant guère, en moyenne, que quatre ou cinq fois, ne permet pas de distinguer. A preuve, c'est qu'on ne prescrit l'usage du verre concave que dans les cas de myopie soit de l'œil observé, dont la rétine ne donne alors que des rayons fortement convergents, soit de l'œil observateur, qui ne peut alors s'accommoder qu'à des rayons plus ou moins divergents. «Si l'on a quelque peine à voir avec netteté ou les détails de la pupille, ou ceux des vaisseaux, ce qui peut tenir à la myopie de l'œil observant ou de l'œil observé, on place dans la fourche un verre concave, ou bien on le tient devant l'œil.» (Desmarres, t. III, p. 771.)

effet, que celui auquel on ne doit se livrer qu'avec prudence sous peine de fatigue, de douleurs, de névralgies !

Non, soyons logique : rendons-nous à l'évidence d'un fait que la théorie et l'observation s'accordent à proclamer. Incontestablement le muscle de Brucke est, à l'état de repos, adapté à une distance moyenne du champ de la vision distincte et non à celle des corps lointains. Le constricteur ciliaire se contracte dans la vision de tout objet situé en deçà de cette distance ; le dilatateur, lors de la vision des objets placés au delà.

Il en est de même de l'iris. Pendant qu'il est au repos, ou, pour parler plus exactement, alors qu'il n'est accommodé qu'à l'intensité lumineuse du champ visuel, il est adapté à une distance moindre que celle des corps éloignés, la même peut-être que celle à laquelle le muscle ciliaire est ajusté lors de son état d'efférence. Le dilatateur iridien se contracte dans la vision à une distance supérieure à la précédente et le sphincter dans la vision à une distance inférieure.

En présence de cette similitude de jeu et de cette synergie d'action de l'iris et du muscle ciliaire, on est naturellement porté, ce nous semble, à se demander s'il n'y aurait pas identité de nature dans les contractions de ces deux organes ; s'il est vrai, ainsi qu'on le professe généralement, que « la contraction de l'iris est complétement involontaire, qu'elle ne se manifeste que sous l'influence d'un excitant intérieur, que la lumière est pour ce muscle ce que le sang est pour le cœur » (Béclard, p. 731); et s'il ne serait pas plus exact de dire que les mouvements de la pupille dans l'accommodation à la distance sont, comme ceux du muscle ciliaire, sous la dépendance de la volonté. L'expérience suivante nous paraît venir fortement à l'appui de cette dernière manière de voir. Placez-vous en face d'un miroir, à une distance telle que vous puissiez voir facilement les mouvements de votre iris. Appliquez-vous une main sur vos deux yeux pendant quelques secondes et, en même temps, portez votre attention à une distance plus grande que celle de votre image, comme si vous vouliez y distinguer quelque chose ; puis, brusquement, enlevez votre main et regardez votre œil dans la glace, vous verrez votre pupille, qui s'était dilatée dans l'obscurité, se contracter considérablement. Répétez la même manœuvre, mais en ayant soin, pendant que votre main est placée devant vos yeux, de faire effort comme pour voir un objet beaucoup plus rapproché que votre image. Quand vous découvrirez vos yeux, votre pupille se dilatera au lieu de se contracter. Elle s'était donc rétrécie en dehors de toute influence lumineuse et sous le seul empire de votre volonté.

Quoi qu'il en soit du mécanisme et de la nature des mouvements de l'iris et du muscle ciliaire, toujours est-il que la pupille est d'autant plus contractée et le cristallin d'autant plus convexe, que l'objet observé est moins distant. A mesure que celui-ci s'avance vers l'œil, la distance focale oculaire diminue, le centre optique se rapproche de la rétine, et les cônes lumineux intra-oculaires s'effilent. Il en résulte que l'éclat de l'image rétinienne, lequel tend à devenir trop vif, est considérablement tempéré ; que les dimensions de cette image, lesquelles tendent à devenir trop grandes, sont notablement réduites ; que sa netteté qui tend à s'altérer est conservée intacte, c'est-à-dire que le champ des objets, simultanément distincts, accompagne le corps observé de manière à toujours le renfermer entre ses limites ; et enfin que ces dernières, qui sont fortement rapprochées l'une de l'autre par le fait de la diminution de leur distance à l'œil, sont légèrement écartées par le fait du resserrement de la pupille.

Quelles sont les limites entre lesquelles peut voyager le champ des objets simultanément distincts ? En d'autres termes : quelle est l'étendue du champ de la vision distincte ? C'est là, certes, un problème facile à résoudre ; il semble que sa solution devrait être connue depuis longtemps et que les physiologistes devraient s'accorder sur la mesure de la limite antérieure et de la limite postérieure de la vision distincte. Il n'en est rien pourtant et des différences énormes existent entre les diverses évaluations qu'ils donnent de la distance de ces limites. Les uns placent la limite antérieure à $0^m,25$ de l'œil, d'autres à $0^m,20$, d'autres à $0^m,15$, d'autres à $0^m,08$; tel auteur place la limite postérieure à l'infini, tel autre à 2 mètres, tel autre à $0^m,45$, tel autre à $0^m,25$.

Cette divergence dans les opinions, cette confusion dans les résultats, provient de la diversité des méthodes à l'aide desquelles on a obtenu ceux-ci, méthodes d'ailleurs toutes défectueuses.

Pour mesurer la distance de la limite antérieure, on s'est généralement borné à faire lire des caractères d'imprimerie à des personnes à vue normale, et à noter la distance à laquelle elles les plaçaient instinctivement. Les uns ont fait choix de lettres de moyenne grandeur, d'autres de lettres très-fines, telles que celles du n° 1 de Jæger. Les premiers ont avancé que la limite inférieure de la vision nette est située à $0^m,25$ de l'œil, et quelques-uns, parmi eux, à $0^m,20$; les derniers ont conclu que sa mesure est $0^m,15$. Ce n'est évidemment pas la première limite de la distincte qu'on détermine ainsi, mais la distance d'observation des mots lus. Ce procédé ne donnerait un résultat rigoureux qu'à la condition que les caractères qui composent ces mots eussent les dimensions des plus petits objets visibles par une vue physiologique.

Plusieurs auteurs ont considéré comme limite antérieure de la vision distincte le point où la lecture devient impossible, lorsque, donnant à lire un livre à des individus bien conformés, on le rapproche peu à peu de leurs yeux; ils ont évalué sa distance à $0^m,08$ et au-dessous. Ce moyen de mensuration n'est pas non plus rigoureux, car les cercles de diffusion n'empêchent la lecture que lorsqu'ils atteignent une grande étendue, à moins que les caractères ne soient excessivement fins.

La méthode suivante nous paraît de nature à fournir un résultat exact. On prend un objet très-délié, une aiguille bien effilée, par exemple, un brin de soie, etc.; on le rapproche de l'un de ses yeux pendant qu'on tient l'autre fermé. Arrivé à une certaine distance, cet objet, qui, jusque-là était resté simple et parfaitement net, sembler se dédoubler, preuve de la présence des cercles de diffusion perceptibles dans son image rétinienne. Cette distance, qui est évidemment celle de la première limite de la vision distincte, est un peu moindre si, tout en portant son attention sur l'objet, on regarde beaucoup plus près, dans le voisinage de la cornée, que si l'on se borne à le suivre du regard. Très-souvent répétée par nous, qui jouissons d'une vue ordinaire, et, à notre prière, par d'autres personnes également douées d'une vue physiologique, cette expérience nous a convaincu que la limite antérieure de la vision distincte normale ne peut guère varier qu'entre $0^m,10$ et $0^m,12$, et qu'elle est en moyenne de $0^m,11$.

Pour déterminer la distance de la limite postérieure, on a souvent fait usage de l'optomètre. Or la vision d'un œil dont le congénère est fermé, et qui ne reçoit de la lumière que par deux petits trous d'épingle, ne s'accomplit plus comme dans les conditions ordinaires : la pupille naturelle, simple et mobile, est remplacée par une pupille artificielle, double et invariable ; l'adaptation n'est plus que faiblement sollicitée à entrer en jeu ; et peut-être une myopie momentanée est-elle la conséquence de la très-petite quantité de rayons qui impressionnent la rétine. Aussi sont-ce principalement les physiologistes qui ont eu recours à cet instrument pour mesurer la limite postérieure, qui placent celle-ci aux faibles distances de $0^m,25$, $0^m,45$, 2 mètres.

Quelques autres observateurs sont pourtant arrivés à peu près aux mêmes résultats par une voie différente. Ayant remarqué que le point éloigné, auquel la lecture des petits caractères d'imprimerie devient impossible, varie suivant les individus, et est d'autant plus distant que la personne est plus presbyte, ils ont pensé que cette impossibilité était due aux cercles de diffusion, et ils ont considéré comme limite postérieure de la vision nette la distance à laquelle la lecture du n° 1 de Jæger cesse d'être possible.

Ce n'est point jusqu'à la limite éloignée de la vision distincte en général que le n° 1 de Jæger est lisible, mais seulement jusqu'à la limite supérieure de sa vision nette ; et si, au lieu de choisir ce numéro on avait fait choix de caractères n'ayant que les dimensions des plus petits détails visibles, on aurait trouvé que la seconde limite de la vision nette est située à la même distance que la première.

Malgré les expériences optométriques et le fait de l'éloignement de la limite supérieure de la vision distincte de chaque objet dans la presbytie, la majorité des physiologistes s'accordent à dire qu'à l'état normal le champ de la vision nette s'étend jusqu'à l'infini, c'est-à-dire jusqu'au parallélisme des rayons et s'arrête là ; que, par conséquent, dans le plus grand allongement possible de la distance focale, le foyer oculaire tombe sur la rétine.

Si cette opinion n'est pas tout à fait vraie, elle se rapproche pourtant beaucoup de la vérité. La limite postérieure de la vision distincte peut être considérée d'une manière générale comme correspondant au parallélisme des rayons incidents ; nous disons d'une manière générale, parce que si, en effet, alors que la lumière est très-faible et la pupille très-dilatée, un œil normal ne peut voir nettement que des objets dont les ryons sont parallèles ou divergents, nous avons pu nous assurer bien des fois qu'il peut s'accommoder à des rayons légèrement convergents, dans les conditions ordinaires d'intensité lumineuse et surtout dans une lumière très-vive. C'est ce qu'on peut facilement vérifier à l'aide d'une loupe. Un œil normal ne voit distinctement que jusqu'au foyer de l'instrument, dans une demi-obscurité ; mais, dans un plus grand jour, il voit nettement d'autant plus loin au delà de ce point que la lumière est plus vive, sans que pourtant jamais la limite postérieure des objets simultanément distincts dépasse le foyer d'un douzième ou d'un quinzième de la longueur focale. Pour reculer autant que possible dans le champ de la lentille la seconde limite des objets simultanément distincts, il est nécessaire d'user d'un petit artifice ; l'image virtuelle des corps vus à travers une loupe n'est pas reportée à sa véritable position, mais en en un point beaucoup plus rapproché ; il s'ensuit que l'effort accommodatif n'est en rapport avec le degré de convergence ou de divergence des rayons émergents que si l'on porte sa vue plus loin que la distance apparente de l'objet dont ils émanent. On devra donc regarder au delà du foyer tout en fixant son attention dans le voisinage de ce point (1).

---

(1) La plupart des auteurs d'ophthalmoscopie décrivent, sans en faire connaître la théorie, un procédé d'exploration qui consiste à regarder de très-près, sans le secours d'aucune lentille, à travers l'ouverture de l'ophthalmoscope, l'intérieur de l'œil en observation, ce qui permet de voir les détails du fond de la cavité oculaire dans leur direction naturelle, distincts et très-amplifiés. M. Giraud-Teulon est le seul, que nous sachions, qui en ait donné une explication ; nous le citons textuellement :

« Le procédé que nous venons de décrire n'est pas le seul qui fournisse une image droite : on peut, sans le secours d'aucun verre interposé, se procurer cette même image ; et c'est chose curieuse, en ce que le fait, en lui-même avéré, est cependant tout à fait en dehors des théories, et que son énoncé semble même absolument paradoxal. Voici ce fait :

« L'œil observé étant exploré de *très-près*, les axes des deux yeux se confondant, et ceux-ci dans un intime voisinage, un détail peu étendu de la rétine bien éclairée pour être perçu droit et agrandi, sans lentille, et comme si le cristallin observé était une simple loupe.

« Or cela est fait pour surprendre tout physicien familier avec les propriétés des lentilles convergentes. Chacun sait que pour qu'elles puissent être employées comme loupes ou microscopes simples, il faut, de toute nécessité, d'après la théorie, placer l'objet observé entre le foyer principal et la lentille. Mais, dans le cas que venons de rapporter, la rétine, on le sait, est un peu au delà du foyer principal. Comment accorder ces deux éléments contradictoires ?

« Voici comment : ce n'est que *théoriquement* que l'objet de l'observation doit être placé en deçà du foyer de toute lentille convergente. En fait, leur propriété, comme loupes, celle d'agrandir l'image en lui conservant sa direction, s'étend un peu au delà du foyer (un sixième environ de cette distance focale). On le vérifie aisément sur une lentille quelconque pour les points de l'objet à observer situés sur l'axe.

« Le désaccord apparent de la théorie et des faits a également sa raison d'être ; la théorie physique des lentilles, on ne doit pas l'oublier, ne se fonde pas sur des propositions absolues, mais seulement sur des approximations. Vraie et pro-

Si, en faisant cette expérience, on regarde à travers la loupe un plan parallèle à son axe, on remarquera que la limite antérieure des objets simultanément distinct est dans le plus grand éloignement

---

pre à expliquer les phénomènes dans leur ensemble, elle ne s'adapte pas exactement à eux aux limites des distances focales. Il y a, dans ces points de partage, des empiétements d'un domaine sur l'autre; les limites ne sont pas tout à fait aussi précises en pratique qu'en théorie.» (*Physiologie et pathologie fonctionnelle de la vision binoculaire*, p. 565.)

Les faits dont il est parlé dans ces lignes, celui qu'on observe quand on regarde à travers une loupe et celui que l'on constate lorsqu'on examine un œil par le procédé indiqué, sont deux phénomènes identiques, régis par les mêmes lois; expliquer l'un, c'est expliquer l'autre. Nous sommes en cela de l'avis de M. Giraud-Teulon, mais nous ne partageons plus sa manière de voir quand il les considère comme étant *en dehors des théories, paradoxaux*, et *faits pour surprendre les physiciens*. Tels qu'ils existent, ils sont parfaitement conformes aux données de la théorie.

Occupons-nous d'abord de celui de la loupe.

M. Giraud-Teulon dit que la propriété qu'a une lentille convergente d'*agrandir* l'image de l'objet en observation en lui *conservant sa direction* s'étend au delà du foyer un sixième environ de la distance focale, et il explique ces deux particucularités en avançant bien gratuitement qu'une partie des rayons émanés d'au delà ce point sortent divergents de la lentille. Effectivement il pense que le domaine d'en deçà le foyer empiète sur celui d'au delà : or les rayons partis du premier sortent divergents. Il dit que la propriété des lentilles convergentes, comme loupes, s'étend au delà du foyer un sixième environ de la distance focale : or le propre des loupes, c'est de donner des images virtuelles.

La proposition implicitement exprimée dans le passage précité est une erreur. Dès que l'objet atteint le foyer, ses rayons sortent parallèles de la lentille; dès qu'il le dépasse, ils sortent convergents, et tendent à aller former quelque part une image focale renversée. Tant qu'il n'est qu'un peu au delà du foyer, l'image est située à une très-grande distance; à mesure qu'il s'éloigne, elle se rapproche; lorsqu'il est placé assez loin pour que ceux de ses rayons qui traversent la lentille puissent être considérés comme parallèles, l'image se forme approximativement au foyer. Pour voir cette image, notre œil devrait donc se porter à une distance variable, suivant que l'objet est plus ou moins éloigné du foyer, toudu champ de ces objets, bien plus éloignée du foyer en deçà duquel elle reste située que la limite postérieure placée au delà ; or, le point dont le foyer correspond à la rétine peut être considéré, dans cette

---

jours très-grande tant qu'il est très-près de celui-ci, et égale à l'infini lorsqu'il en est infiniment rapproché. Toutes les fois qu'il sera placé entre elle et la lentille, les rayons de l'objet frapperont notre cornée à l'état de convergence ; son image rétinienne sera très-grande et renversée : il sera donc vu agrandi et dans sa véritable direction.

Telles sont les déductions de la théorie, telles sont aussi celles de l'observation.

Qu'on regarde à travers une loupe en mettant son œil entre elle et son foyer, tous les objets paraîtront grossis et dans leur véritable situation. Qu'on place son œil à une distance de la lentille un peu plus grande que la longueur focale de celle-ci, les objets éloignés seront vus renversés ; les objets rapprochés, c'est-à-dire ceux compris entre la loupe et une distance égalant un nombre plus ou moins considérable de fois la longueur focale, seront vus droits et plus amplifiés que dans le cas précédent. Qu'on recule de plus en plus son œil, la limite entre les objets naturellement dirigés et les objets renversés se rapprochera de plus en plus du foyer. On remarquera que tant que l'œil est situé très-près de celui-ci, ses plus légers déplacements en amènent d'énormes dans la limite qui sépare les objets droits des objets renversés ; qu'au contraire, lorsqu'il en est très-éloigné, à ses déplacements les plus considérables correspondent des déplacements de cette limite presque insensibles ; et l'on comprendra que pour voir renversés les objets infiniment rapprochés du foyer, il faudrait pouvoir transporter son œil à l'infini.

La propriété qu'ont les verres convergents de grossir les objets en leur conservant leur direction n'a donc pas une limite unique, invariable. Suivant la position de l'œil, cette limite peut occuper toutes les distances possibles, depuis le foyer jusqu'à l'infini. M. Giraud-Teulon s'est donc mépris en la plaçant invariablement en un point situé au delà du foyer un sixième environ de la longueur focale. S'il n'entend parler que du cas particulier où l'œil est mis à la distance habituelle de la loupe, il s'est encore trompé, car elle est, dans ces conditions, beaucoup plus éloignée qu'il ne le dit.

L'interprétation et l'énoncé que le rédacteur de la *Gazette médicale de Paris* donne du fait observé avec la loupe sont donc également inexacts. On a lieu de

circonstance, comme située aproximativement à égale distance de l'une et de l'autre limite ; le foyer principal de l'œil est donc placé

---

s'étonner qu'un observateur aussi distingué ait commis cette double erreur. Peut-être, très-probablement même, quand il a écrit les lignes que nous lui avons empruntées sa plume a trahi sa pensée. Il est en effet supposable qu'il n'avait pas en vue les deux particularités dont il parle (amplification de l'image, conservation de sa direction), lesquelles, telles qu'elles existent réellement, n'ont rien que de naturel, rien qui doive surprendre ; mais la suivante, qui est en contradiction avec les idées généralement adoptées sur l'adaptation et avec les siennes en particulier : on constate, en regardant à travers un verre convergent, qu'une partie des objets qui conservent leur direction sont vus distinctement, et que les autres sont vus confusément ; on observe de plus, et c'est sur ce fait que nous voulons attirer l'attention, que la limite qui sépare ceux-ci de ceux-là est située un peu au delà du foyer, alors qu'on contracte son dilatateur ciliaire aussi énergiquement que possible. Ce fait, réel, incontestable, n'est pas plus que le précédent en désaccord avec la théorie.

Les rayons émanés d'un objet situé au delà du foyer, étant convergents lorsqu'ils atteignent la cornée, et, par suite, leurs points d'entre-croisements étant placés entre le cristallin et le foyer oculaire, il semble, il est vrai, que les cercles de diffusion qu'ils forment sur la rétine devraient rendre confuse la vision de cet objet par des yeux normaux, dans lesquels le foyer principal ne peut jamais être amené derrière cette membrane. C'est en effet ce qui aurait lieu si les cercles de diffusion altéraient toujours la netteté des images rétiniennes ; mais nous avons vu qu'elles sont distinctement perçues tant qu'ils ne dépassent pas en étendue les éléments nerveux de la rétine. Un objet situé à une petite distance au delà du foyer de la loupe, allant faire son image focale très-loin, les rayons qu'il émet ne s'éloignent pas beaucoup du parallélisme en deçà de la lentille, et les cônes lumineux qu'ils forment dans l'œil observateur ont leurs sommets très-près du foyer oculaire. Pour que l'objet soit vu nettement, il suffira donc que l'accommodation soit capable d'amener ce foyer à une petite distance de la membrane sentante, car alors celle-ci sera frappée par les cônes lumineux en un point de leur axe où leur coupe a un diamètre moindre que celui des éléments nerveux rétiniens. C'est évidemment ce qui se passe. Si les objets placés à une petite distance au delà du foyer d'une loupe sont aperçus distinctement par un œil à vue ordinaire, c'est parce qu'un tel œil est apte à s'ajuster aux rayons un peu en deçà de la rétine lors du plus grand aplatissement du cristallin et non sur cette membrane.

---

convergents, soit que les vues ordinaires offrent un certain degré de presbytie, soit, ce qui est plus admissible, que les vues normales puissent s'adapter à une légère convergente des rayons incidents.

Ce qui prouve que le phénomène qui nous occupe est un effet de l'accommodation, c'est qu'on l'observe d'autant plus loin au delà du foyer de la loupe que cette fonction, naturellement, ou grâce à un artifice, s'exerce avec plus de puissance à l'égard des objets éloignés. Ainsi un œil atteint d'une presbytie bien caractérisée voit les objets agrandis, nets, et dans leur direction naturelle, beaucoup plus loin au delà du foyer qu'un œil normal. Ainsi, si l'on place devant sa cornée une carte percée d'un trou seulement un peu plus étroit que la pupille, la limite des objets vus distinctement à travers une lentille convergente est sensiblement reculée; si l'on remplace cette ouverture par une autre un peu plus petite, la limite est encore éloignée, ainsi de suite jusqu'à ce qu'on fasse usage d'un orifice très-fin, dans lequel cas cette limite et celle qui sépare les images droites des images renversés se confondent presque. Au contraire, un œil qui ne peut s'accommoder aux grandes distances, au parallélisme des rayons, un œil myope, en un mot, ne verra nettement au delà d'une loupe que jusqu'à une distance inférieure celle du foyer.

Ce que nous venons de dire du fait qu'on observe lorsqu'on fait usage d'une loupe s'applique évidemment à celui qu'on remarque en explorant un œil par le procédé de l'image droite sans interposition de lentille; si l'on aperçoit nettement les détails de la rétine, quoique situés au delà du foyer oculaire, c'est par les mêmes raisons qui font qu'on voit distinctement au delà du foyer d'une loupe. Nous n'avons donc pas à insister sur ce cas particulier. Nous ferons seulement remarquer que l'ouverture de l'ophthalmoscope étant plus étroite que la pupille de l'observateur, la distance de la limite des objets nettement visibles est plus considérable relativement à la longueur focale respective, dans un œil qu'au delà d'une loupe.

TROISIÈME PARTIE.

Troubles de la vision distincte à des distances variables.

Pour que la vision d'un objet soit distincte, il faut que l'image qu'il forme sur la rétine soit nette, qu'elle ait une grandeur et un éclat déterminés. Ces conditions ne sont complétement réalisées que dans certaines circonstances déterminées d'éclat, de volume et de distance de l'objet. Une ou plusieurs des dernières sont changées si l'image est modifiée dans un de ses éléments : éclat, grandeur, position relativement au foyer principal. Si l'éclat de l'image devient plus ou moins vif, celui de l'objet doit devenir plus ou mois faible, ou bien sa grandeur et sa distance doivent augmenter ou diminuer ; si l'étendue de l'image devient plus ou moins considérable, celle de l'objet doit être réduite ou amplifié, ou bien sa distance et son éclat doivent devenir plus ou mois grands ; enfin, si l'image, c'est-à-dire si la rétine se rapproche ou s'éloigne du centre de la lentille oculaire, la distance, l'éclat, et le volume de l'objet, doivent augmenter ou diminuer. Or, l'œil est souvent organisé de telle sorte, ou affecté de maladies telles, que l'image rétinienne de chaque objet est modifiée dans un ou plusieurs de ses éléments, éclat, étendue, position. Il en résulte des troubles fonctionnels, soit idiopathiques, soit symptomatiques, dont on prévoit la variété. Nous allons passer en revue ceux qui n'ont pas été décrits par les auteurs et discuter des autres les points controversables.

§ I.

NATURE, DÉNOMINATION, FRÉQUENCE.

Si les images rétiniennes sont plus ou moins brillantes que dans les conditions physiologiques ; en d'autres termes, si, leur grandeur restant la même, la quantité des rayons qui concourent à leur formation est augmentée ou diminuée, les objets sont aperçus, dans une demi-obscurité, mieux ou moins bien qu'à l'état normal. Le premier état mérite le nom d'*oxiopie* (ὀξύς, aigu ; ωψ, œil), et le second celui d'*amblyopie* (ἀμβλύς, obtus ; ωψ, œil). Ils sont dus quelquefois à ce que la sensibilité de la rétine est exagérée ou émoussée.

Si, l'accommodation étant supposée au repos, la distance de l'image au foyer est augmentée ; autrement dit, si celui-ci est avancé ou la rétine reculée, les limites de la vision distincte sont l'une et l'autre rapprochées de l'œil. Si l'image est rapprochée du foyer, c'est-à-dire si celui-ci est porté en arrière ou la rétine en avant, les limites de la vision distincte sont toutes deux éloignées de l'organe. Dans le premier cas, les objets lointains sont vus troubles, mais les corps rapprochés sont distingués à une plus faible distance qu'à l'état normal ; à cette anomalie convient le nom d'*engyopie* (ἐγγός, proche ; ωψ, œil). Dans le second cas, les corps rapprochés sont vus confusément, mais les objets éloignés, dans quelques circonstances spéciales, par exemple à travers une loupe ou tout autre instrument d'optique, sont vus plus loin d'une manière distincte que dans les conditions ordinaires ; à ce vice convient le nom de *téléopie* (τῆλε, loin ; ωψ, œil).

Si l'image est plus grande que dans un œil bien organisé ; autrement dit, si la distance du centre optique à la rétine est augmentée, en un point quelconque du champ de la vision distincte sont aperçus de petits détails qui échappent à la vue ordinaire ; cet état doit être appelé *micropie* (μικρὸς, petit ; ωψ, œil). Si l'image est moins étendue qu'à l'état normal, c'est-à-dire si la distance du centre optique à la rétine est diminuée, les petits détails qu'un œil ordinaire distingue aux diverses distances ne peuvent être aperçus, tandis que sont vus en entier, d'une manière nette et simultanée, de plus gros objets que dans les conditions physiologiques ; le nom de *macropie* (μακρὸς, grand ; ωψ, œil) est applicable à cette altération. Ces deux états proviennent-ils quelquefois de ce que l'étendue des éléments nerveux de la rétine est supérieure ou inférieure à leur grandeur habituelle? Cela nous paraît probable.

Ces affections existent rarement à l'état isolé ; presque toujours elles se combinent entre elles de manière à donner naissance à des affections complexes. Ces dernières sont très-nombreuses, car chacune des lésions d'un même élément de l'image (grandeur, éclat et position) peut s'associer avec une des altérations de l'un ou des deux autres éléments ; d'où résultent des affections doubles ou triples.

Ces affections simples, doubles ou triples, ne sont pas également fréquentes ; les premières le sont moins que les deuxièmes et celles-ci que les troisièmes. Nous devons compter parmi ces dernières la myopie qui est à la fois une engyopie, une macropie et une oxyopie, et la presbytie qui est à la fois une téléopie, une micropie et une amblyopie. C'est ce que nous allons essayer de démontrer.

Si l'on observe attentivement un individu à vu normale, un certain nombre de personnes atteintes de presbytie et quelques autres affectées de myopie, on ne tardera pas à se convaincre que le plus souvent chacune de ces affections se distingue de la vue ordinaire par trois caractères principaux.

On constatera que l'individu bien conformé voit distinctement, à l'œil nu, à toute distance de plus de $0^m,11$, et, s'il se sert d'une loupe, un peu au delà du foyer de l'instrument ; que le presbyte voit nettement, à l'œil nu, seulement au delà d'une distance plus grande que $0^m,11$, et, à travers une loupe, plus loin que ne le peut une vue ordinaire ; qu'enfin le myope voit moins loin que les deux précédents au delà d'une loupe, et qu'à l'œil nu il voit trouble au loin, mais nettement en un point éloigné de moins de $0^m,11$. Éloignement des deux limites de la vision distincte, tel est donc l'un des caractères distinctifs de la presbytie ; rapprochement de ces limites, tel est l'un de ceux qui distinguent la myopie.

Si les limites de la vision distincte sont plus rapprochées chez le myope et plus éloignées chez le presbyte qu'à l'état physiologique, cela provient évidemment de ce que, pendant les efforts accommodatifs extrêmes, les corps extérieurs tendent à former leurs images focales plus près du cristallin du premier et plus loin de celui du second que dans un œil bien conformé; cela est vrai pour tous les objets du champ visuel, pour ceux qui sont près comme pour ceux qui sont loin et envoient dans l'œil des rayons parallèles. Nous sommes donc autorisé à dire que le foyer principal est avancé dans un œil myope et reculé dans un œil presbyte.

Donc, premièrement, la myopie est une engyopie, et la presbytie une téléopie.

Outre le caractère précédent, relatif aux limites de la vision distincte, le plus souvent on en observera un autre relatif à la grandeur des plus petits objets visibles aux différents points du champ de la vision distincte. On remarquera qu'aux diverses distances auxquelles la vision est nette pour un individu à vue normale, un myope et un presbyte, le dernier aperçoit des objets trop petits pour être vus par les deux autres, et le premier des objets trop petits pour être aperçus par le deuxième; qu'en revanche, le myope voit distinctement et simultanément dans toute leur étendue des objets trop grands pour être vus en entier, d'une manière nette et simultanée, par les deux autres, et que l'individu à vue ordinaire voit des objets trop grands pour être aperçus par le presbyte.

Ainsi, si on leur donne à lire un livre imprimé en caractères de différente grandeur, on constatera qu'à toutes les distances où la vision est nette pour tous les trois, le presbyte lit des mots que ne peut distinguer l'individu à vue normale, à cause de leur petitesse, et celui-ci d'autres mots qui se dérobent, pour la même raison, à la vue du myope. Si l'on met le livre devant les yeux du myope, à une distance supérieure à celle de la limite antérieure de la vision distincte du presbyte, et telle que le premier lise facilement certaines lignes composées de caractères de même grandeur, on observera, en passant le livre aux deux autres, que ceux-ci ne peuvent les lire aussi couramment qu'en se plaçant, l'individu à vue normale, à une plus grande distance que le myope, et le presbyte à une plus grande distance que l'individu à vue normale.

Grandeur plus considérable qu'à l'état normal, aux diverses distances du champ de la vision distincte, des plus petits détails perceptibles et des plus gros objets visibles d'une manière nette et simultanée, tel est donc un des caractères qui distinguent la myopie de la vue ordinaire; grandeur moins considérable qu'à l'état normal des plus petits et des plus gros objets visibles aux diverses distances, tel est un de ceux qui différencie la presbytie.

La raison de cette différence est évidemment que les mêmes objets situés aux mêmes distances forment des images plus grandes dans un œil presbyte que dans un œil ordinaire, et dans celui-ci que dans un œil myope; ce qui provient (p. 32) de ce que le centre optique est plus rapproché de la rétine dans le dernier, et plus éloigné de cette membrane dans le premier que dans un œil normal, pendant qu'ils sont tous les trois accommodés à la même distance.

Donc, secondement, la myopie est une macropie, et la presbytie une micropie.

Le déplacement du centre optique n'a pas été, jusqu'aujourd'hui, que nous sachions, considéré comme un des caractères de la myopie et de la presbytie. Il ne saurait pourtant faire l'ombre d'un doute. On sait que lorsqu'on regarde un objet très-rapproché, la longueur focale oculaire et la distance du centre optique à la rétine diminuent l'une et l'autre d'une manière notable; or, dans la myopie, il y a permanence et exagération de la première modification. Pourquoi n'en serait-il pas ainsi de la seconde? Cette déduction est d'autant plus légitime, que la fréquente répétition de l'accommodation à de petites distances est la cause presque unique de la myopie acquise. Tandis, en effet, que dans une société civilisée où on exerce souvent sa vue sur des objets déliés, la moitié presque des jeunes gens et des adultes sont atteints de cette infirmité, celle-ci est à peu près inconnue chez les peuplades saùvages où on porte beaucoup] plus souvent ses regards au loin, et bien moins fréquemment sur des points peu éloignés.

De même pour la presbytie : l'adaptation aux grandes distances allonge à la fois la longueur focale et la distance de la rétine au centre optique, quoi de plus naturel que la permanence et l'exagération de la première altération, qui est un des caractères de ce vice fonctionnel, soient accompagnées de la permanence et de l'exagération de l'autre lésion ? Quelle explication plausible, d'ailleurs, donner de ce fait, que la limite postérieure. de la vision distincte de chaque corps est plus éloignée chez le presbyte et moins chez le myope qu'à l'état normal, si ce n'est que les images rétiniennes sont agrandies chez le premier et rapetissées chez le dernier, et, par conséquent, que le centre optique est rapproché de la rétine chez celui-ci et écarté chez celui-là ?

Le troisième caractère qui distingue la myopie et la presbytie de la vue normale est relatif à l'éclat des objets observés aux mêmes distances, alors que l'intensité lumineuse du champ visuel est aussi faible que possible sans empêcher la vision. On constatera qu'après le coucher du soleil, le presbyte cesse de voir aux mêmes distances plus tôt que l'individu à vue normale, et celui-ci plus tôt que le myope. Cela provient évidemment de ce que les corps extérieurs forment des images moins brillantes dans l'œil du premier que dans celui du deuxième, et dans l'œil de celui-ci que dans celui du myope. Cette différence d'éclat des images rétiniennes est due elle-même à la différence de position du centre optique et aussi à la différence de degré d'ouverture de la pupille dans la vision aux mêmes distances.

Donc, troisièmement, la myopie est une oxyopie, et la presbytie une amblyopie.

M. Giraud-Teulon vient d'émettre sur la nature de ces deux affections une théorie qui diffère en tous points de la nôtre. Voici comment il s'exprime :

« A l'état normal, c'est le système spinal qui préside à l'effort accommodatif et à la contraction pupillaire ; ayant dans le système ganglionnaire un antagoniste harmonique dont l'action radiée de l'iris peut servir à mesurer l'énergie et le rapport d'intensité.

« Or que se passe-t-il dans la myopie ?

« Contrairement à ce qu'on observe dans l'état normal, la pupille est élargie, pendant que le muscle ciliaire est relativement rétracté, » atteint de spasme, de contracture, de rétraction, comme il dit ailleurs (§ 215 et 216). « Cette rupture d'équilibre est-elle due à l'excès d'action ganglionnaire ou au défaut d'innervation spinale ?

« Probablement à l'excès ganglionnaire ; car la paralysie spinale serait accompagnée d'un état de relâchement du muscle ciliaire et d'une vue presbytique.

« Inversement dans la presbytie :

« La pupille est contractée et le muscle ciliaire incapable d'efforts ou comme paralysé. La prépondérance du système ganglionnaire y est donc due probablement à la faiblesse relative du système spinal. » (*Physiologie et pathologie fonctionnelle de la vision binoculaire*, § 213.)

Il dit ailleurs :

« Dans ces deux affections, l'état du système nerveux est tout contraire : surexcité dans la myopie, l'équilibre des forces est rompu au profit de l'un des deux systèmes ; il y a excès d'action spinale se traduisant par le resserrement ciliaire, ou bien excès d'action ganglionnaire révélé par la dilatation pupillaire.

« Dans la presbytie, au contraire, atonie nerveuse générale, se traduisant du côté spinal par le peu d'étendue et l'insuffisance de l'action accommodatrice, du côté du système ganglionnaire par la contraction de l'iris. » (§ 214.)

Voici les faits dont il étaye sa théorie :

« Chez le myope, la vue rapprochée, qui, si elle était physiologique, coïnciderait avec une pupille étroite, se rencontre, au contraire, généralement, avec une pupille élargie. Il appert immédiatement de là qu'un défaut grave d'harmonie est survenu entre les agents du mécanisme accommodatif et celui de la contraction pupillaire. L'équilibre est troublé entre l'adaptation et un des correctifs de l'aberration de sphéricité, entre l'élément ciliaire de la vision et l'élément pupillaire.

« L'aberration de sphéricité n'a plus de correctif dans l'état de la pupille, et les rayons marginaux viennent ajouter, par la confusion qu'ils apportent, à l'excès de l'accommodation active. Une distance focale déjà trop courte est encore relativement raccourcie par l'action des rayons équatoriaux de la lentille. Les deux causes se joignent donc pour l'établissement du vice de la vision, de la myopie.

« D'autre part et inversement, chez le presbyte, ce rapport est changé. L'équilibre est encore rompu, mais, dans ce cas, en sens opposé. La pupille, qui est dilatée lors de la vision normale éloignée, est ici resserrée. Le muscle ciliaire est quasi sans action sur le cristallin, mais la pupille est devenue en même temps presque sans dilatation physiologique possible ; il faut pour l'émouvoir des stimulants spéciaux.

« La synergie est donc encore ici rompue en sens inverse, il est vrai, mais toujours au désavantage de la fonction..... (§ 212).

« Les modifications des deux affections par le progrès des années concordent merveilleusement avec cette théorie ; ne sait-on pas qu'avec les années la myopie s'amende généralement, tandis qu'au contraire la presbytie s'aggrave ?.....

« Nous croyons rationnel de rattacher ces modifications, effets de l'âge, aux modifications générales incontestables que le produit des années imprime à l'économie.

« L'exagération d'action du système nerveux, tant spinal que ganglionnaire, est un des attributs de la jeunesse. Quoi de plus simple qu'elle s'amende avec l'âge, relâchant à la fois l'iris et le cercle ciliaire, diminuant par conséquent la myopie, de même qu'elle augmente la presbytie et change la vue moyenne en vue longue. » (§ 214.)

M. Giraud-Teulon s'efforce (§ 215) d'établir une autre preuve de sa théorie, l'excès de sensibilité de la rétine dans la myopie et le défaut d'impressionnabilité de cette membrane dans la presbytie.

Faits et théorie, tout est faux. Il n'est pas vrai que la myopie et la presbytie soient le résultat d'une prédominance de l'innervation spinale sur l'innervation ganglionnaire, ni de celle-ci sur celle-là ; il n'est pas vrai que dans ces deux affections, l'équilibre soit rompu entre l'action du muscle ciliaire et celle de l'iris ; il n'est pas vrai que la sensibilité de la rétine soit augmentée ou diminuée ; il n'est pas vrai que le muscle de Brücke soit atteint de faiblesse dans la presbytie et de contracture dans la myopie.

Si les deux affections en question sont la conséquence de la prédominance d'action de l'un des deux grands systèmes nerveux de l'économie sur l'autre, pourquoi choisit-elle l'œil pour théâtre exclusif de ses manifestations ? Et pourquoi, tandis qu'elle ne réveille aucun trouble ailleurs, se traduit-elle ici par les plus graves désordres ? Dans la myopie l'iris est dilaté, dit M. Giraud-Teulon, et le muscle ciliaire contracté ; c'est le contraire qui a lieu dans la presbytie : il y a donc à la fois, dans ces deux vices fonctionnels, prédominence de l'innervation spinale sur l'innervation ganglionnaire, et de celle-ci sur celle-là ! L'action de tout le système nerveux s'affaiblit avec l'âge, et dans l'iris la partie qui est sous l'influence de la moelle épinière ressent seule les effets de cet affaiblissement, tandis que dans le muscle de Bowman, c'est la partie qui est soumise au grand sympathique ! On nous accordera que tout cela est au moins rudement hypothétique.

M. Giraud-Teulon dit qu'il y a, dans la myopie, contracture, spasme, rétraction du muscle de Brücke ; qu'entend-il par là ? S'il veut dire que la tonicité du constricteur ciliaire est augmentée, nous sommes de son avis, quoique nous pensions qu'on doive faire une bien plus large part des troubles fonctionnels de cette affection aux modifications de forme imprimées au cristallin par les contractions trop fréquentes et trop énergiques du sphincter, qu'à l'accroissement de la contractilité organique de celui-ci. Mais, que la tonicité du muscle soit peu ou beaucoup augmentée, pourquoi faire alors intervenir, pour expliquer cette augmentation, les systèmes nerveux rachidien et trisplanchnique ? Tout le monde sait que la myopie acquise est presque toujours le résultat de la nécessité de regarder souvent et longtemps des objets rapprochés, c'est-à-dire de l'exercice exagéré du constricteur ciliaire. Or un fait d'une notoriété non moins vulgaire, et d'une évidence banale, c'est que l'exercice développe la puissance des muscles, c'est-à-dire leur contractilité et leur tonicité. Mais ce n'est évidemment pas de cette dernière propriété qu'à voulu parler M. Giraud-Teulon. Elle est universellement désignée par les noms de *tonicité*, de *contractilité organique*, de *contractilité spontanée*, et non par ceux de *contracture*, de *rétraction* ou de *spasme*. Ceux-ci sont donnés à des états pathologiques des muscles ; ces états sont très-rares, ordinairement passagers ; ils enchaînent la contractilité. Or, nous verrons, quand nous nous occuperons de traitement, que dans la myopie les contractions ciliaires ont conservé toute leur ampleur ; et nous savons déjà que dans les sociétés civilisées, un grand nombre d'individus sont atteints de cette affection pendant la majeure partie de leur existence.

Le muscle ciliaire n'est pas incapable d'efforts, comme paralysé dans la presbytie ; ou, du moins, elle est indépendante de cet état du muscle. Si celui-ci est affaibli ou paralysé, l'affection est compliquée d'un autre vice fonctionnel appelé *faiblesse* ou *paralysie de l'adaptation*. Dans le cas de beaucoup le plus fréquent, celui de presbyopie simple, la limite postérieure de la vision nette est reculée en même temps que la limite antérieure. Il est vrai que telle n'est pas l'opinion de M. Giraud-Teulon ; il pense que dans cet état anormal de la vue, la seconde limite n'est point déplacée, et qu'il ne consiste «qu'en ce que la puissance accommodative y est très-limitée, dans le sens du rapprochement des objets ; qu'en ce que le muscle ciliaire y est impuissant à tirer le cristallin de la situation d'indifférence convenable pour les objets distants, et de le mettre en rapport harmonique avec les objets rapprochés» (*Physiologie et pathologie fonctionnelle de la vision binoculaire*, p. 352). Il est aisé de se convaincre du contraire : on n'a qu'à se rappeler la manière dont un presbyope se sert d'un appareil d'optique amplifiant quelconque. Au lieu qu'un individu à vue normale place un objet, qu'il veut grossir le plus possible sans cesser de la voir nettement, au foyer principal de l'instrument, soit qu'il le regarde à travers une loupe, soit qu'il l'observe à travers une jumelle d'opéra, ou bien son image réelle au foyer de l'oculaire, qu'il fasse usage soit d'un microscope, soit d'un télescope, soit d'une longue-vue, soit d'une lunette astronomique, le presbyte, au contraire, met l'objet ou son image au delà du foyer, et d'autant plus loin de ce point, que son affection est plus prononcée; son œil peut donc s'accommoder à des rayons d'autant plus convergents, qu'il voit moins près; sa limite supérieure de la vision distincte est donc d'autant plus éloignée, que sa limite inférieure est elle-même plus reculée.

La sensibilité de la rétine n'est pas moindre chez le presbyte que chez le myope. Si celui-ci voit mieux dans une demi-obscurité que celui-là, la raison en est que ses images rétiniennes ont plus d'éclat. Cela ne saurait être contesté, puisque le centre optique est plus rapproché de la rétine, et la pupille plus large chez le myope que chez le presbyope, alors qu'ils regardent à la même distance.

Le fait principal sur lequel M. Giraud-Teulon fonde sa théorie, c'est que l'ouverture de l'iris est plus dilatée dans la myopie et plus contractée dans la prébytie qu'à l'état normal. Eh bien! ce fait n'est pas plus réel que les précédents. C'est même le contraire qui doit avoir lieu théoriquement, et qui a lieu effectivement. Sans doute, si l'on met un myope et un presbyte à côté l'un de l'autre, qu'on se borne à enlever leurs lunettes et à mesurer la grandeur absolue de leurs pupilles, on trouve celle du premier plus large que celle de l'autre. Mais la pupille d'un même individu est-elle toujours également ouverte? n'est-elle pas beaucoup plus grande quand il re-

garde au loin , que lorsque sa vue se fixe sur un point rapproché?
Elle varie donc avec l'effort accommodatif , avec l'état de contraction du muscle de Bowmann. Pour comparer les orifices pupillaires
de deux personnes , pour déterminer si leurs iris sont dans le même
rapport d'action relativement aux muscles ciliaires respectifs , il
faut donc placer ceux-ci dans des conditions d'adaptation identiques.
Qu'on commence donc par mesurer les limites de la vision distincte
du presbyte et du myope. Supposons que celui-là ne voit nettement qu'à partir de $0^m,45$, et celui-ci qu'entre $0^m,02$ et $0^m,15$. Qu'on
engage le premier à regarder un objet situé à $0^m,45$, et le second,
un objet situé à $0^m,02$, et on constatera que la pupille du presbyope
est plus dilatée que celle du myope. Qu'on compare l'ouverture iridienne d'un individu à vue physiologique, qui porte ses regards au
loin, à celle du myope ayant les yeux fixés sur un corps placé à
$0^m,15$, et on remarquera que celle du dernier est plus rétrécie que
celle du premier.

Des affections complexes que les vices fonctionnels simples, élémentaires, énumérés plus haut, engendrent en s'associant entre eux,
la myopie et la presbytie sont de beaucoup les plus fréquentes. Cette
grande fréquence relative s'explique par ce fait que les variations
de la vue, suivant les âges et suivant les individus, sont le plus souvent la conséquence de modifications de forme de la lentille cristallinienne.

La distance focale oculaire, c'est-à-dire la distance de l'œil à
chacune des limites de la vision distincte, varie beaucoup suivant
les époques de la vie. Elle est relativement peu considérable chez le
très-jeune enfant, qui n'a nul besoin de voir au loin, à qui il suffit
de distinguer le sein qui le nourrit, les joujoux qu'il tient à l'extré-
mité de ses petits bras et la physionomie des personnes qui l'amu-
sent ou l'instruisent. Elle augmente ensuite peu à peu avec les
années, à mesure que les rapports avec le monde extérieur deviennent plus variés et plus étendus ; elle n'atteint guère sa mesure normale qu'après la puberté. Elle reste à peu près la même pendant la

jeunesse et l'âge adulte ; mais, quand vient la période de déclin, l'époque des altérations séniles, elle prend une longueur de plus en plus excessive.

Telle est la marche naturelle des changements de la distance focale oculaire lorsque les habitudes ne viennent pas l'accélérer, l'arrêter ou la faire rétrograder. Mais le plus souvent elles font sentir leur influence quelquefois favorable, ordinairement funeste. Si pendant un temps un peu long on exerce beaucoup plus sa vue sur les objets rapprochés que sur les objets éloignés, ou sur ceux-ci que sur ceux-là, la longueur focale de l'œil ne tarde pas à devenir plus ou moins courte qu'elle n'aurait été dans des conditions plus hygiéniques. C'est ainsi que devient engyope l'individu que sa profession condamne à regarder des objets très-petits ; le jeune homme qui, pour échapper à la conscription, fait un usage soutenu de verres fortement divergents ; le *gandin* qui *fait lorgnon*, malgré la vue normale dont l'a affligé la nature ; la personne qui habite des lieux obscurs. C'est ainsi que la téléopie atteint de bonne heure les campagnards et surtout les montagnards qui portent très-souvent leurs regards au loin et rarement très-près ; les habitants des pays où règne une lumière éclatante.

Il est évident que dans toutes ces circonstances relatives soit aux différents âges, soit aux différents individus, les variations de la longueur focale oculaire proviennent toujours de changements d'épaisseur du cristallin. Effectivement les anatomistes ont constaté que cette lentille est plus convexe chez l'enfant que chez l'adulte, et surtout que chez le vieillard. Quant aux habitudes, il est bien certain qu'elles reculent le foyer oculaire parce qu'elles diminuent la convergence du cristallin et qu'elles l'avancent parce qu'elles augmentent la réfringence de cette lentille, car celle-ci est le seul milieu transparent de l'œil qui se modifie dans l'acte de l'accommodation, et elle est d'autant plus bombée que la vision s'exerce à une plus faible distance.

L'engyopie et la téléopie ne sont pas toujours acquises, c'est-à-dire produites par les habitudes ou le progrès des années ; elles sont quelquefois congénitales, c'est-à-dire amenées par des circonstances qui ont agi pendant la vie intra-utérine. Dans la plupart de ces cas la cause anatomique est encore la même ; c'est du moins ce qui paraît très-vraisemblable quand on réfléchit à la flexibilité, à la délicatesse du cristallin et aux larges changements physiologiques que sa forme subit sous l'influence des contractions des muscles ciliaires.

Après ces considérations, nous sommes, croyons-nous, en droit de conclure que le raccourcissement de la distance focale de l'œil est du le plus souvent à la trop grande convexité du cristallin et son allongement à la trop faible convexité de cette lentille.

Or l'augmentation de la convergence du cristallin s'accompagne toujours du rapprochement du centre optique oculaire vers la rétine et sa diminution du retrait de ce point vers la cornée. C'est ce qu'on aurait pu conclure *a priori* de la position de la lentille, relativement aux autres milieux de l'œil ; c'est d'ailleurs ce que l'expérience que nous avons rapportée page 50 démontre d'une manière irréfragable. La grande fréquence relative, d'une part, de l'allongement simultané de la distance focale oculaire et de la distance du centre optique à la rétine, et, d'autre part, du raccourcissement simultané de ces deux distances, autrement dit, de la coexistence de la téléopie, de la micropie et de l'amblyopie d'un côté, et de l'engyopie, de la macropie et de l'oxyopie de l'autre côté, ou bien encore de la presbyopie et de la myopie, n'a donc rien qui doive surprendre.

Telle est l'altération la plus ordinaire, mais non unique qui entrave l'accomplissement régulier des conditions de la vision distincte à des distances variables.

Il arrive quelquefois que l'allongement du foyer relativement à la distance qui sépare le centre lenticulaire de la rétine, coexiste avec le raccourcissement de la distance de cette membrane au centre optique, et inversement, que le raccourcissement du foyer s'accompagne de l'allongement de la distance du centre optique à la rétine.

Le premier cas s'observe, par exemple, quand la cornée s'aplatit ou que la moitié postérieure de la cavité de l'œil se rétrécit ; le second cas se présente, lorsque la cornée devient plus convexe ou que la partie postérieure de la chambre oculaire s'agrandit. Dans celui-ci, il y a à la fois engyopie et mycropie ; dans celui-là, téléopie et macropie. Quant à l'oxyopie et à l'amblyopie, si elles existent, elles sont peu prononcées, parce qu'en même temps que l'image est amplifiée ou réduite, les limites de la vision distincte sont rapprochées ou éloignées ; par conséquent, la pupille est élargie ou rétrécie dans la vision aux mêmes distances.

Les symptômes de l'engyopie doivent nécessairement différer beaucoup suivant qu'elle est compliquée de micropie ou de macropie et d'oxyopie. Aussi avons-nous cru devoir distinguer ces deux cas et ne donner qu'au dernier le nom de myopie.

Pour les mêmes raisons nous n'avons donné le nom de presbytie qu'à l'affection résultant de l'association de la téléopie à la micropie et à l'amblyopie.

Quant aux autres combinaisons des vices fonctionnels simples et à ces vices eux-mêmes, nous ne nous arrêterons pas à en démontrer la possibilité. Bien que plus rares que les précédents, leur réalité n'est pourtant pas contestable et chacun peut facilement juger quelles sont les altérations anatomiques de nature à leur donner naissance.

Outre l'oxyopie, l'amblyopie, la téléopie, l'engyopie, la micropie, la macropie et les affections complexes qu'elles engendrent, en s'associant deux à deux ou trois à trois, il en est d'autres également caractérisées par des troubles de la vision distincte à des distances différentes ; elles consistent presque toutes, au point de vue fonctionnel, dans une diminution d'étendue du champ de la vision nette ; ce sont la faiblesse, la paralysie et la fatigue de l'accommodation, l'absence du cristallin, la paralysie de l'iris, l'iridorémie, la mydriase, et le myosis. Ces vices fonctionnels existent soit seuls, soit combinés à un ou plusieurs des états précédemment énumérés.

§ II.

SYMPTOMATOLOGIE.

Nous ne nous occuperons ni de l'étiologie, ni du pronostic, ni de la marche des affections énoncées dans le paragraphe précédent ; cela nous entraînerait trop loin. Nous nous bornerons à exposer brièvement la symptomatologie de l'oxyopie, l'amblyopie, l'engyopie, la téléopie, la micropie, la macropie, considérées isolément. Quant aux symptômes des autres états, nous ne parlerons que de ceux qui nous paraissent avoir été mal interprétés par les auteurs.

Oxyopie et *amblyopie*. Les oxyopes sont très-incommodés par un jour éclatant. Ils clignent d'autant plus que leur affection est plus prononcée et que la lumière qui frappe leurs yeux est plus vive. Ils rapprochent leurs paupières, abaissent leurs sourcils, ramènent en haut la peau de leurs joues et de leur nez, de manière à diminuer à la fois l'étendue de leur champ visuel et l'ouverture par laquelle les rayons lumineux pénètrent dans leur cavité oculaire. Leur appréhension pour la lumière est quelquefois si grande qu'elle mériterait à bon droit le nom de *photophobie*. C'est ce qu'on observe chez les individus qui ont passé un temps très-long dans une obscurité profonde; c'est ce que l'on constate aussi chez les albinos. On voit les uns et les autres, pour se garantir d'un jour même modéré, placer leurs mains au-dessus de leurs yeux ou se tourner de manière qu'il ne les frappe pas en face.

Les oxyopes voient mieux dans une demi-obscurité que les sujets à vue normale. « J'ai vu, dit M. Desmarres, des personnes qui, sans être myopes, lisent dans une demi-obscurité. On a observé en Angleterre une jeune fille qui se disait aveugle et qui dans une obscurité complète pouvait lire, prétendait-elle, par le simple toucher, et bien que les caractères fussent recouverts d'un verre. On l'observa et l'on reconnut qu'elle avait la vue si perçante qu'elle voyait dans la plus profonde obscurité. »

L'amblyopie, peut présenter tous les degrés, depuis une légère faiblesse de la vue jusqu'à la cécité absolue. Les personnes qui en sont atteintes ont besoin, pour voir clair, d'une somme de lumière d'autant plus grande que leur affection est plus intense. Dans l'amblyopie modérée, les corps rapprochés sont assez bien vus en plein jour. Mais les corps éloignés ne sont que vaguement aperçus ; la faculté de distinguer les objets ne tarde pas, après le coucher du soleil, à être complétement abolie ; et la lumière artificielle est insuffisante, à moins d'être placée très-près de l'objet observé, ou d'être très-intense, comme celle de plusieurs becs de gaz.

Nous avons vu qu'à l'état normal il est une distance à laquelle les corps envoient dans l'œil qui les observe une somme de lumière plus favorable à leur perception que dans toute autre de leurs positions. Cette distance est nécessairement reculée chez les oxyopes et avancée chez les amblyopes. Il s'ensuit que la distance d'observation de chaque corps est également éloignée chez les premiers et rapprochée chez les seconds ; si bien que souvent, dans la pratique, des cas d'amblyopie ont été pris pour des cas de myopie.

Toute inégalité fonctionnelle des deux yeux, portée à un degré un peu élevé, a pour conséquence d'abolir la vision binoculaire dans une certaine étendue, ou dans la totalité du champ visuel. L'œil inutile ne suit plus les mouvements de l'autre ; il louche. On observera donc le strabisme dans le cas où les deux yeux sont inégalement amblyopiques, dans celui où ils sont inégalement oxyopiques, dans celui où l'un est sain et l'autre oxyopique ou amblyopique, et enfin dans celui où l'un est oxyopique et l'autre amblyopique.

Téléopie et *engyopie*. Les yeux à vue normale voient distinctement les corps situés à $0,^m11$, ainsi que ceux dant lés rayons sont parallèles et même légèrementconvergents. Puisque dans la téléopie les deux limites de la vision distincte sont reculées, ce n'est plus à partir de 0^m,11 que les personnes qui en sont affectées peuvent voir nettement, mais seulement au delà d'une distance plus grande; en revanche, elles aperçoivent distinctement au delà du foyer principal d'une loupe plus loin qu'un individu doué d'une vue ordinaire. Dans l'engyopie, qui est caractérisée par le rapprochement des deux limites de la vision nette, les objets éloignés sont vus confusément, tandis que les corps rapprochés sont distingués à une distance inférieure à 0^m,11.

Le rapprochement ou l'éloignement des deux limites de la vision distincte est quelquefois porté à un très-haut degré. Il est des téléopes qui ne voient distinctement qu'au delà de 0^m,30, 0^m,40, 0^m,50; il en est même qui ne voient nettement à aucune distance, quelque effort d'adaptation qu'ils fassent; chez eux la limite antérieure des images nettes des corps lointains reste en arrière de la rétine, alors même que leur distance focale atteint son plus grand raccourcissement.

Ces hypertéléopes ne peuvent voir distinctement en deçà du foyer d'un verre convexe; mais ils aperçoivent nettement jusques aux corps les plus éloignés de l'horizon à travers une loupe très-forte et placée tout près de leur œil.

Comme les engyopes, ils rapprochent beaucoup les petits objets qu'ils veulent observer : ainsi, pour lire un livre imprimé en caractères ordinaires, ils le tiennent à 0^m,10, 0^m,12, 0^m,15. Voici l'explication de ce fait. Les cercles de diffusion nuisent d'autant moins à la perception d'une image rétinienne, que leur étendue est moindre relativement à la grandeur de celle-ci. Or, dans l'hypertéléopie, le centre optique est notablement avancé, la pupille est très-rétrécie et les corps rapprochés forment leur foyer très-loin au delà de la rétine; il s'ensuit que lorsque la distance de ces corps diminue, leurs cercles de diffusion n'augmentent pas sensiblement, tandis que leurs images s'amplifient beaucoup. Un hypertéléope doit donc les voir d'autant moins confusément qu'ils sont placés plus près de son œil.

Chez certains engyopes la limite antérieure de la vision distincte n'est qu'à 0^m,01 ou 0^m,02 de leur cornée, et la limite postérieure qu'à 0^m,10, 0^m,12 ou 0^m,15. Quelque près de leur œil qu'ils placent une loupe, ces hyperengyopes sont loin de pouvoir distinguer les objets jusqu'au foyer de l'instrument ; et même ils ne voient nettement à aucune distance au delà de celui-ci, s'ils le tiennent seulement à 3 ou 4 pouces de leur œil.

La limite postérieure de la vision distincte d'un corps est d'autant plus éloignée que le volume de ce corps est plus considérable, et les plus petits objets visibles pour chaque individu sont ceux qui ont la limite postérieure de leur vision distincte au même point que la limite antérieure de la vision distincte en général. Lors donc que cette dernière limite sera avancée ou reculée, des détails que leur exiguïté rendait invisibles seront aperçus dans le premier cas, et une partie de ceux qui étaient auparavant visibles ne le seront plus dans le second.

Par cela même que les limites de la vision distincte sont l'une et l'autre rapprochées ou éloignées, les points dont le foyer correspond à la rétine lors du repos du muscle ciliaire, en d'autres termes, les objets, dont la vision s'effectue sans effort accommodatif, sont situés à une distance plus faible ou plus grande. D'où la conséquence que la distance d'observation de chaque corps est reculée chez les téléopes et avancée chez les engyopes.

Dire que la distance à laquelle l'œil est accommodé sans effort est rapprochée dans l'engyopie et reculée dans la téléopie, c'est avancer qu'elle est transportée, dans le premier cas, en un point où se trouve la distance d'observation de corps moins volumineux, et, dans le second cas, en un point où se trouve la distance d'observation d'objets plus grands. Les engyopes doivent donc avoir de la prédilection pour les gros objets, et les téléopes pour les petits ; les premiers doivent particulièrement affectionner les livres imprimés en petits caractères ; leur écriture doit être très-fine, etc. ; le contraire doit se remarquer chez les derniers.

13

On observe presque toujours le strabisme si les deux yeux sont inégalement engyopiques ou téléopiques ; si l'un est engyopique et l'autre téléopique ; si l'un étant sain l'autre est engyopique ou téléopique. On l'observe souvent encore chez des personnes dont les deux yeux sont également engyopiques, mais à un haut degré, parce que la convergence des axes optiques, nécessaire pour fusionner les deux images d'un objet placé dans le champ si restreint et si rapproché de leur vision distincte, ne peut être de longue durée ou est même tout à fait impossible.

Les rayons partis du fond de l'œil sortent en général divergents de celui-ci et vont former quelque part dans l'atmosphère une image focale renversée des détails de la rétine, de la papille, entre autres. Puisque la grandeur de toute image focale et celle de l'objet sont dans le même rapport que leurs distances respectives au centre optique, l'image de la papille sera d'autant plus grande qu'elle se formera plus loin de l'œil. Or, si l'on place un verre convergent entre elle et l'œil, elle se réduit en une autre image plus petite, située entre la lentille et son foyer, et ayant une étendue proportionnelle à la sienne. Dans l'examen ophthalmoscopique, par le procédé de l'image renversée, la papille sera donc vue plus grande dans la téléopie et plus réduite dans l'engyopie qu'à l'état physiologique. Ses dimensions seront d'autant plus différentes de celles que l'on observerait dans un œil normal que l'affection sera plus prononcée.

Dans le procédé de l'image droite, avec ou sans interposition de lentille divergente, les détails du fond de l'œil seront vus d'autant plus gros que celui-ci sera plus engyopique et d'autant plus petits qu'il sera plus téléopique.

Le miroir oculaire pourrait donc servir à préciser le degré de l'un et l'autre vice, s'il était possible de se placer dans des conditions d'exploration toujours identiques ; si le degré de l'effort accommodatif du sujet examiné était toujours le même, si sa papille avait toujours le même diamètre, si la lentille employée avait toujours la même longueur focale ; si elle était toujours placée à la même distance de l'œil observé et de l'œil observant.

Macropie et micropie. — Les micropes jouissent de la faculté d'apercevoir à chaque distance des objets qui se dérobent par leur petitesse aux vues ordinaires. « J'ai observé, dit M. Desmarres, des personnes qui voient à des distances énormes des objets que d'autres personnes bien organisées ne perçoivent qu'à l'aide d'instruments d'optique, et qui cependant lisent à $0^m,10$ ou $0^m,12$ les plus fins caractères. »

Les macropes, au contraire, sont incapables d'apercevoir tous les petits détails qu'un œil normal peut distinguer aux différentes distances du champ de la vision nette.

Les corps extérieurs faisant dans l'œil des premiers des images plus grandes, et dans celui des seconds des images plus petites qu'à l'état physiologique, la limite postérieure de la vision distincte de chaque objet est nécessairement reculée chez ceux-là et avancée chez ceux-ci ; il en est, par suite, de même de sa distance d'observation.

Le strabisme sera encore ici le résultat de l'inégalité fonctionnelle des deux yeux si l'un est plus que l'autre macropique ou micropique, si l'un est sain et l'autre macropique ou micropique, si l'un est macropique et l'autre micropique.

Lorsque l'affection est due au déplacement du centre optique, ce qui est certainement et de beaucoup le cas le plus fréquent, les détails du fond de l'œil seront vus, à l'aide de l'ophthalmoscope, plus gros dans la macropie et plus petits dans la micropie qu'à l'état normal, soit que l'on ait recours au procédé de l'image renversée, soit que l'on fasse usage du procédé de l'image droite. Effectivement l'objet et son image nette, focale ou non, réelle ou virtuelle, sont dans le même rapport que leurs distances respectives au centre optique.

Après les développements dans lesquels nous venons d'entrer relativement à la symptomatologie fonctionnelle des vices de la vision distincte, simples, élémentaires, il serait superflu d'exposer celle des différentes affections complexes auxquelles ils peuvent donner naissance en s'associant entre eux. Chacun peut facilement se représenter le tableau des troubles que ces affections apporteront dans l'exercice de la vision.

Dans la myopie, par exemple, c'est-à-dire dans l'engyopie, la macropie et l'oxyopie réunies, les limités de la vision distincte seront rapprochées ; le besoin de lumière sera moins grand ; celle-ci incommodera davantage et amènera le clignement ; les limites de la vision distincte de chaque corps seront rapprochées, parce que la grandeur de son image rétinienne est diminuée ; sa distance d'observation sera avancée, bien qu'elle soit reculée par l'éclat plus grand de son image, parce que cette cause est combattue par deux autres bien plus puissantes : le rapprochement de la limite postérieure de la vision distincte de chaque objet, et le rapprochement des deux limites de la vision distincte en général.

Impuissance de l'accommodation. Nous avons vu que les limites de la vision distincte sont fréquemment l'une et l'autre avancées ou reculées. Il arrive souvent aussi qu'elles sont rapprochées l'une de l'autre, que le champ de la vision distincte, au lieu d'être déplacé, est plus restreint qu'à l'état normal ; c'est ce qu'on observe dans la fatigue, la faiblesse et la paralysie du muscle ciliaire, la mydriase, le myosis, l'iridorémie, et l'état qui suit l'opération de la cataracte par extraction ou par abaissement.

On désigne sous le nom de fatigue du muscle ciliaire, d'ophthalmocopie, d'asthénopie, de kopiopie, d'amblyopie asthénique, de lassitude oculaire, d'*hebetudo visus*, etc. etc., une impuissance momentanée du muscle ciliaire produite par des efforts trop violents ou trop prolongés. Ce muscle étant considéré comme un simple sphincter, au repos pendant la vision des objets éloignés, se contractant d'autant plus énergiquement que l'on regarde des objets plus rapprochés, l'asthénopie ne devrait survenir qu'à la suite d'efforts d'accommodation à de petites distances, et s'observer principalement chez les presbytes. C'est en effet ce qui est généralement professé. Mais, puisque le muscle ciliaire est en réalité composé de deux muscles, l'un agissant dans l'ajustement aux grandes distances, et l'autre dans l'adaptation aux petites distances, n'y a-t-il pas lieu d'admettre deux espèces de kopiopie, celle du constricteur ciliaire et celle du dilatateur du même nom, causée l'une par la vision prolongée d'objets placés dans le voisinage de la limite postérieure des corps distincts, l'autre par la vision d'objets situés dans le voisinage-de la limite antérieure, se rencontrant plus spécialement, l'une chez les presbytes, et l'autre chez les myopes, ou, d'une manière plus générale, l'une chez les téléopes, et l'autre chez les engyopes? Les faits observés par M. Desmarres, et que nous avons rapportés page 65, nous font une loi d'établir cette distinction.

La fatigue du dilatateur ciliaire s'observera principalement chez les engyopes, ainsi que nous venons de le dire ; chez les individus qui font un fréquent usage d'instruments d'optique grossissants, loupes, microscopes, télescopes, longues-vues, lorgnettes, etc. ; chez les oculistes qui, dans l'examen ophthalmoscopique des malades, ont souvent recours au procédé de l'image droite. Ses symptômes seront nécessairement identiques à ceux de la fatigue du constricteur ciliaire, lesquels sont largement décrits dans tous les traités des maladies des yeux. Elle présentera, comme celle-ci, plusieurs degrés d'intensité.

Le malade atteint de cette affection ne pourra regarder aussi longtemps qu'une personne saine les objets à rayons incidents parallèles ou dans un état voisin du parallélisme. Ce ne sera d'abord qu'après des efforts assez prolongés que les accidents se manifesteront, et ils ne seront pas très-prononcés ; il n'éprouvera qu'une gêne non douloureuse, sa vue se troublera, il clignera, se frottera les yeux, et il sera obligé de cesser son travail. Après un repos de quelques minutes, il pourra le reprendre et contracter son dilatateur ciliaire pendant un temps encore assez long, mais qui deviendra de moins en moins considérable.

S'il s'opiniâtre à travailler sur des objets placés à une grande distance virtuelle ou réelle, les accidents ne tarderont pas à s'aggraver. Dès qu'il recommencera à regarder ces objets, il éprouvera dans les yeux un sentiment de tension, de pesanteur, de chaleur, et souvent de sécheresse désagréable. S'il veut lutter quand même, il sentira des élancements dans l'orbite, le front, les tempes; ses yeux larmoieront, ses conjonctivites et sa sclérotique rougiront. Pour revenir à son état habituel, il aura besoin de plusieurs heures et quelquefois de plusieurs jours de repos.

Enfin si, malgré cet état, les efforts se prolongent ou se renouvellent trop souvent, les accidents acquerront une acuité plus grande encore ; le muscle, surmené, épuisé, se refusera à de nouvelles contractions, il sera comme paralysé; l'œil congestionné deviendra le siége de douleurs névralgiques violentes qui s'irradieront dans toute la tête et tourmenteront le malade pendant un temps trèslong.

Le muscle ciliaire, on le sait, n'est pas le seul agent actif de l'accommodation à la distance ; dans la vision des objets éloignés, le dilatateur iridien se contracte en même temps que le dilatateur ciliaire, et, dans la vision des corps rapprochés, le constricteur iridien et le constricteur ciliaire entrent tous deux en jeu ; or, puisque les deux muscles ciliaires sont sujets à se fatiguer, à s'épuiser, et, par suite de cet épuisement, à perdre momentanément leur contractilité, les deux muscles iridiens ne peuvent-ils pas, eux aussi, être momentanément affaiblis et paralysés par des efforts trop violents ou trop prolongés? Le passage suivant, emprunté au *Traité des maladies des yeux* de M. Desmarres (t. III, p. 623), ne permet pas le moindre doute à cet égard.

« J'ai trouvé, chez quelques malades atteints de fatigue de l'accommodation, un état singulier bien évidemment dû à la faiblesse du constricteur de l'iris, et que j'ai désigné depuis longtemps dans mes cours sous le nom d'*iridokopie*. Les malades se plaignent de cette fatigue décrite plus haut, et, après qu'ils l'ont ressentie quelques minutes, *ils se trouvent dans la nécessité d'éloigner l'objet qu'ils regardent,* par exemple le livre qu'ils lisent, jusqu'à la limite de leurs bras, et même davantage, pour pouvoir continuer leur travail.

« Chez les uns, cet état persiste une ou plusieurs heures seulement, tandis qu'il faut le repos d'une nuit chez d'autres pour qu'il disparaisse entièrement. Je me suis assuré que, dans ces cas, la pupille s'ouvre largement, et qu'elle demeure *immobile même à la lumière la plus vive.*

« Chez un musicien-compositeur, la mydriase est si prononcée *qu'il ne peut plus écrire qu'à l'aide d'un long crayon à bras tendu;* mais, le lendemain, il est complétement guéri, et sa pupille a repris tous ses mouvements physiologiques.

« Une fois j'ai produit volontairement la mydriase la plus prononcée sur une jeune fille douée d'une accommodation complète. Le phénomène de la mydriase se manifesta après cinq ou six minutes de torture dans un livre imprimé en caractères très-fins, environ n° 4. »

Tous ces faits prouvent manifestement que la fatigue peut affaiblir et même paralyser le constricteur iridien. En effet, dans chacun de ces cas de mydriase, la pupille demeurait *immobile même à la lumière la plus vive.* Dès lors il n'est plus possible d'expliquer la dilatation de cette ouverture autrement que par l'épuisement des fibres circulaires de l'iris. Mais, si les contractions violentes et prolongées peuvent fatiguer le sphincter iridien, pourquoi n'en serait-il pas ainsi du dilatateur du même nom ?

Il découle évidemment des autres lignes que nous avons soulignées dans le passage précité, que dans tous les faits observés par M. Desmarres, il n'y avait pas seulement iridokopie, épuisement, paralysie du constricteur pupillaire, mais encore paralysie du constricteur ciliaire. Nous verrons bientôt qu'il en est ainsi presque toutes les fois qu'il y a mydriase, quelle qu'en soit la cause, et que réciproquement la paralysie du muscle de Bruecke s'accompagne presque toujours de celle de l'iris. En réfléchissant à cette simultanéité d'altération, en se rappelant en outre la synergie d'action et la très-grande probabilité de la communauté d'origine des filets nerveux, d'une part, des dilatateurs ciliaire et iridien, et, d'autre part, des constricteurs de même nom, nous nous demandons si l'un de ces quatre muscles peut être affaibli ou paralysé sans que son congénère le soit également, si nous ne devrions pas substituer à la dénomination de *fatigue du constricteur ciliaire* celle de *fatigue des constricteurs de l'accommodation,* et à l'expression de *fatigue du dilatateur ciliaire* celle de *fatigue des dilatateurs de l'adaptation.*

Dans la kopiopie, la fatigue de l'accommodation, il y a affaiblissement momentané du muscle ciliaire; celui-ci est affaibli plutôt que faible. La faiblesse réelle, permanente, de ce muscle, s'observe quelquefois aussi, elle peut être portée à un degré tel, qu'elle mérite le nom de *paralysie.*

On prévoit facilement quels doivent être les symptômes d'un pareil état. Le champ des objets distincts, qui, à l'état normal, peut être rapproché jusqu'à environ $0^{m},11$ de l'œil et reculé jusqu'au parallélisme des rayons incidents, ne peut plus voyager, dans ce cas pathologique, qu'entre deux points moins distants l'un de l'autre, et d'autant plus rapprochés que la faiblesse est plus prononcée. S'il y a paralysie complète, la faculté d'accommodation à la distance est entièrement abolie. Dans ce dernier cas, les objets ne sont vus nettement que dans un espace déterminé, invariable dans sa position, invariable aussi dans son étendue si l'iris est également paralysé, mais s'allongeant quand la lumière augmente, et se raccourcissant lorsqu'elle diminue, si ce muscle a conservé sa contractilité.

La distance du champ des objets simultanément distants est toujours individuelle. Ainsi, parmi les personnes affectées de paralysie du muscle ciliaire, les unes voient assez bien les objets rapprochés et sont dans l'impossibilité de distinguer à une distance moyenne ou éloignée ; d'autres n'aperçoivent nettement que les objets placés à une distance moyenne, d'autres que les objets éloignés. Cela signifie que le muscle ciliaire paralysé est dans un état de contraction variable suivant les individus ; que de même qu'il y a, dans les cas de paralysie de l'iris, mydriase, myosis ou dilatation moyenne de l'ouverture pupillaire, de même il y a, dans les cas de paralysie du muscle de Bruecke, mydriase, myosis ou dilatation moyenne de l'ouverture ciliaire.

Ainsi que le muscle ciliaire, l'iris peut être paralysé par des causes autres que la fatigue. La pupille est alors invariable et largement ouverte, modérément dilatée ou fortement rétrécie. Dans le premier cas, l'affection a reçu le nom de mydriasis, et, dans le dernier, celui de myosis. L'iris est rebelle et à l'excitation de la lumière et à l'influence de la volonté. Son ouverture ne change plus ni suivant l'intensité lumineuse du champ visuel, ni suivant la distance de l'objet observé ; elle demeure invariablement ajustée au même degré de lumière, pour chaque distance, et à la même distance pour chaque degré de lumière. Si le constricteur et le dilatateur ciliaires sont paralysés en même temps que l'iris, le champ des objets simultanément est invariable dans sa position et dans son étendue ; s'ils ont conservé leur contractilité, il a toujours la même longueur à la même distance, et il n'éprouve plus, à mesure qu'il se rapproche, le léger allongement produit à l'état normal par le rétrécissement pupillaire.

Nous avons admis, dans les lignes qui précèdent, la possibilité de l'indépendance réciproque des paralysies iridienne et ciliaire ; mais il en est rarement ainsi, le plus souvent les deux paralysies sont simultanées.

« Si l'on examine anatomiquement, dit M. Desmarres, l'œil atteint de paralysie de la faculté d'adaptation, on le trouve dans un état d'intégrité parfaite, sauf que l'on constate une certaine paresse ou une abolition complète des mouvements de la pupille, avec une dilatation ou un resserrement de cette ouverture, en proportion avec la distance de l'ajustement. Ainsi, par exemple, si dans l'état normal, la pupille doit présenter un diamètre de 4 millimètres, pour voir à une distance déterminée, l'œil dont la pupille aura cette grandeur, par suite d'une paralysie de l'adoptation, ne pourra voir distinctement qu'à cette même distance. » (*Traité des maladies de l'œil*, t. III, p. 326.)

La paralysie du muscle ciliaire s'accompagne donc presque toujours de celle de l'iris. Réciproquement, la paralysie de l'iris s'accompagne ordinairement de celle du muscle de Bruecke ; en effet :

« Dans la mydriase, de même que dans le myosis, la faculté d'accommodation est perdue quand les mouvements de l'iris sont absolument abolis. Les verres peuvent allonger ou raccourcir la distance à laquelle les malades obtiennent la vue distincte, mais ce point est toujours fixe, à quelques centimètres près. » (P. 627.)

La mydriase de l'orifice pupillaire s'accompagne de celle de l'orifice ciliaire quelle qu'en soit la cause, qu'elle soit accidentelle ou artificielle, c'est-à-dire produite par la belladone. « Müller a fait observer que la belladone, en même temps qu'elle dilate la pupille, rend l'œil inapte à voir les objets rapprochés. » (Marc Sée, *De l'Accommodation et du muscle ciliaire*, p. 22.)

En rapportant à la paralysie du muscle ciliaire la perte de la faculté d'accommodation à la distance dans les cas de paralysie de l'iris, nous émettons une assertion nouvelle, bien qu'elle découle manifestement des faits observés. Les troubles fonctionnels de la mydriase belladonée en particulier, sont tout autrement expliqués par les auteurs : les uns pensent, avec Graefe, que la belladone rend presbyte en même temps que mydriatique ; les autres croient que les rayons marginaux, n'étant plus interceptés par l'écran iridien, vont mêler des cercles de diffusion aux images rétiniennes et en troubler la netteté. Si le mydriatique était presbyte, la limite postérieure de sa vision distincte serait reculée, et il verrait au delà du foyer d'une loupe plus loin qu'avant d'avoir éprouvé les effets de la belladone ; or, nous avons pu nous assurer maintes fois qu'il n'en est rien. Si les rayons lumnieux qui rasent les bords pupilaires du mydriatique apportaient du trouble dans les images rétiniennes, il ne verrait nettement à aucune distance, ce qui est encore contraire à l'observation. Il n'est donc qu'une explication plausible des troubles fonctionnels de la mydriase, du myosis, et de tous les cas de paralysie de l'iris, c'est la paralysie du muscle ciliaire.

Il résulte de ce qui précède que la paralysie des muscles ciliaires et celle des muscles iridiens sont presque toujours simultanées, quelle qu'en soit la cause, qu'elles soient produites par une fatigue excessive, par l'absorption de préparations belladonées, ou par toute autre circonstance ; que toutes les affections décrites sous le nom de mydriase, de myosis, de paralysie de l'accommodation, de paralysie de l'iris, de paralysie du muscle ciliaire, d'atrésie de la pupille, ne sont, en définitive, qu'une seule et même maladie, caractérisée anatomiquement par l'invariabilité du diamètre des ouvertures pupillaire et ciliaire, et, physiologiquement, par la fixité de la position et de l'étendue du champ des objets simultanément distincts.

Cette règle souffre pourtant des exceptions. On a observé quelquefois des mydriases sans troubles fonctionnels notables, et par conséquent sans paralysie du muscle ciliaire ; d'autres fois la vision, impossible à distance rapprochée, au début de la paralysie de l'iris, est redevenue, au bout de quelques jours, nette à toutes les distances, sans que la pupille ait recouvré sa mobilité. L'adaptation ciliaire reste intacte à la suite de l'opération de la pupille artificielle, si le cristallin et le muscle de Bowmann ont été respectés par les instruments ; elle conserve également toute sa puissance dans les cas où l'abolition des mouvements de l'iris est due à un obstacle mécanique, dans les synéchies antérieures et postérieures, par exemple. Après l'extraction de la cataracte, la contractilité iridienne persiste, bien que l'accommodation ciliaire soit perdue.

Puissance excessive de l'accommodation. L'étendue du champ de la vision distincte est quelquefois plus grande qu'à l'état normal ; sa première limite est avancée en même temps que sa seconde est reculée. Cette anomalie, qui constitue plutôt un privilége désirable qu'un état véritablement pathologique, s'observe lorsque le muscle ciliaire est plus puissant qu'à l'état normal, lorsque la flexibilité du cristallin est plus prononcée, lorsque la pupille est plus étroite, lorsque le centre lenticulaire de l'œil est plus rapproché de la rétine. Ce dernier cas s'observe chez les myopes armés de lunettes appropriées. Quelle qu'en soit la cause, les modifications fonctionnelles sont les mêmes. L'individu dont l'accommodation oculaire est plus puissante qu'à l'état physiologique voit nettement, au delà du foyer d'une loupe, plus loin qu'une personne à vue ordinaire : il voit plus près à l'œil nu, il peut distinguer de plus petits détails : chez lui la distance d'observation des corps lointains est un peu reculée, celle des petits objets est un peu avancée.

§ III.

DIAGNOSTIC.

Du moment que la vision d'un individu ne s'exécute pas comme à l'état normal, et qu'il n'est atteint ni de cécité, ni de photophobie, ni de diplopie, ni de myiodopsie, ni d'hémiopie, ni de daltonisme, tous états dont le diagnostic différentiel est facile, on peut conclure qu'il est atteint d'une des affections fonctionnelles dont nous avons parlé. Préciser la nature et l'intensité de cette affection sera une tâche aisée ; il suffira, pour cela, de déterminer la distance des limites de la vision distincte, la grandeur des plus petits objets visibles à une distance quelconque de la vision distincte, et l'intensité de la sensation imprimée à l'encéphale par les corps éclairés ou lumineux.

Pour mesurer la distance de la limite antérieure de la vision distincte, on prescrira à l'individu en observation de lire des caractères d'imprimerie très-fins, en les approchant peu à peu de ses yeux ; dès qu'ils dépasseront cette limite, la lecture deviendra impossible. On pourra aussi leur faire regarder un objet très-délié, la pointe d'une aiguille par exemple ; dès qu'elle arrivera au même point, elle semblera se dédoubler. Si, au lieu de la suivre simplement de la vue, il ferme un œil et regarde avec l'autre dans le voisinage de sa cornée, tout en portant son attention sur l'aiguille, celle-ci pourra être rapprochée un peu plus, sans cesser d'être vue simple, qu'en procédant comme précédemment ; mais le violent effort d'adaptation qu'il fera alors ne pourra pas être de longue durée. Si cette limite était considérablement reculée, comme dans l'hyperpresbyopie, ces deux procédés ne seraient point praticables ; on jugerait alors de son éloignement en notant la force du verre convexe qui la rétablit à la distance ordinaire.

La position de la limite postérieure n'est pas moins facile à connaître. On fait regarder à travers une loupe de très-petits objets, en recommandant de la placer à une distance de ceux-ci telle que, si elle en était éloignée tant soit peu encore, il y eût confusion ; on compare ensuite cette distance à la longueur focale de l'instrument. Il est nécessaire, pour déterminer le point extrême où peut être portée dans cette expérience la seconde limite de la vision distincte, d'user d'un petit artifice. L'image virtuelle des objets qu'on regarde à travers une loupe n'est pas reportée à sa véritable position, mais en un point beaucoup plus rapproché ; il s'ensuit que l'effort accommodatif n'est pas en rapport avec le degré de convergence ou de divergence des rayons qui émanent de cette image, si on regarde à sa distance apparente. Il faudra donc prescrire à la personne que l'on examine de porter sa vue très-loin au delà du point que lui paraissent occuper les détails situés dans le voisinage du foyer de l'instrument.

Dans le cas où l'on désirerait simplement savoir si la limite supérieure de la vision distincte a été rapprochée, il suffirait le plus souvent de demander au malade s'il voit ou non nettement les objets éloignés ; on pourrait même déterminer approximativement la position de cette limite en lui faisant préciser la distance à partir de laquelle il cesse de voir nettement les objets, à laquelle il les aperçoit doubles, s'ils sont déliés, ou bordés d'une frange nébuleuse, s'ils sont larges ; seulement, pour se convaincre que la confusion provient de ce que la limite postérieure de la vision distincte est avancée, il sera nécessaire de constater que les verres concaves la font disparaître.

Rien de plus facile donc que de préciser la distance des deux limites de la lésion distincte. On trouvera le plus souvent qu'elles sont l'une et l'autre reculées ou avancées dans la même proportion ; on conclura alors qu'il y a téléopie dans le premier cas, et engyopie dans le second. On constatera quelquefois que la limite antérieure est avancée et que la limite postérieure est reculée ; il y aura alors puissance excessive de l'accommodation. D'autres fois on remarquera qu'elles se sont au contraire rapprochées l'une de l'autre ; on aura affaire alors à une faiblesse ou à une paralysie du muscle ciliaire. Pour s'assurer quelle est celle des deux qui existe, on pourra procéder de la manière suivante : on placera une loupe de force moyenne, de $0^m,10$ de foyer par exemple, sur la marge latérale d'un livre, tout près des caractères et perpendiculairement à la direction des lignes ; on fera mettre l'œil à observer à environ $0^m,08$ de l'instrument. Il ne verra pas toutes les lettres simultanément de la même manière ; il observera une bande transversale au niveau de laquelle elles seront claires et distinctes, tandis qu'au delà et en deçà, elles seront confuses. Si sa vue était normale, il pourrait, en regardant à des distances diverses, faire voyager cette bande depuis les premières lettres jusqu'à celles qui sont situées un peu au delà du foyer ; s'il est atteint de faiblesse de l'accommodation, elle ne pourra point atteindre ces deux points extrêmes, et en restera d'autant plus éloignée que la faiblesse sera plus prononcée ; s'il est affecté de paralysie du muscle ciliaire, elle restera invariablement fixée a la même distance, quelque effort d'accommodation qu'il fasse.

Voyons maintenant comment on peut reconnaître la grandeur des plus petits objets visibles aux diverses distances de la vision distincte. Si les limites de la vision distincte du malade occupent leur position habituelle, on l'engage à lire l'heure d'une horloge, d'une montre; on lui présente un livre, et, pendant qu'il le lit, on l'éloigne jusqu'à ce que la lecture devienne impossible. S'il aperçoit tous ces objets à une distance supérieure à celle où les voit un œil normal, on conclut à une micropie; s'il ne les distingue qu'à une distance moindre, on s'assure s'il n'existe pas d'amblyopie, et, dans le cas où l'examen est négatif, on conclut à une micropie.

Si les limites de la vision distincte sont changés, on commence par en bien préciser la position, puis on fait observer des objets dont la limite postérieure de la vision nette soit située dans le champ des objets distincts. On pourrait aussi commencer par rétablir les limites de la vision distincte dans leur situation normale au moyen de lunettes concaves ou convexes, et procéder ensuite comme dans le premier cas; mais il faudrait alors tenir compte du rapetissement des objets produit par le verre employé, s'il est concave, et de leur amplification, s'il est convexe.

Quant à l'oxyopie et à l'amblyopie, on reconnaîtra leur existence et le degré de leur intensité, en déterminant quelle est la somme de lumière nécessaire à la vision nette et facile des objets. L'individu atteint de la première affection distinguera mieux les objets dans un lieu obscur qu'une personne à vue normale; l'amblyope aura besoin, pour distinguer les objets, d'une lumière d'autant plus intense que son affection sera plus prononcée. On conclut encore à l'amblyopie si la personne à observer voit mal les objets éloignés et que son état ne soit amélioré ni par les verres concaves, dans lequel cas il y aurait engyopie, ni par les verres convexes très-forts, dans lequel cas il y aurait hypertéléopie.

§ IV.

TRAITEMENT.

Nous serons très-bref sur le traitement des troubles fonctionnels de la vision distincte. C'est là un sujet trop vaste pour que nous songions à l'épuiser dans un travail de la nature du nôtre. Nous ne chercherons même pas à en donner un résumé; nous nous bornerons à exposer quelques-uns des effets de verres convergents et divergents sur la vision des myopes et des presbytes.

Tout le monde sait que l'on combat la myopie par l'usage des verres divergents, et le presbyte par l'emploi de verres convergents ; réussit-on de la sorte à remédier entièrement à ces deux infirmités? On va voir qu'on en est bien loin.

Un œil myope diffère d'un œil normal en ce que, pendant le repos des agents de l'accommodation à la distance, son foyer principal est situé plus loin de la rétine et son centre optique plus près de cette membrane; l'œil presbyte, au contraire, s'en distingue en ce que son foyer est plus éloigné du cristallin et son centre optique plus rapproché de la cornée. On comprend qu'en annexant à la lentille oculaire trop convergente du premier un verre divergent de force convenable, et à la lentille trop divergente du second un verre convergent approprié, on amène le foyer principal de l'une et de l'autre à la position qu'il occupe relativement à la rétine dans un œil bien conformé.

Mais, en donnant ainsi au foyer oculaire sa position normale, le verre ajouté a diminué dans l'œil myope la distance déjà trop petite du centre optique à la rétine, et augmenté cette même distance dans l'œil presbyte où elle était déjà trop grande (voir p. 33). Si donc les verres concaves corrigent l'engyopie du myope, ils aggravent sa macropie, et si les verres convexes remédient à la téléopie du presbyte, ils augmentent sa micropie.

La vision d'un myope et d'un presbyte armés de lunettes appropriées s'effectue donc comme nous l'avons fait connaître en traçant le tableau de la symptomatologie de la macropie et de la micropie. La distance d'observation et la limite supérieure de la vision distincte de chaque objet sont avancées chez celui-là et reculées chez celui-ci. Les auteurs, s'imaginant sans doute que les bésicles rétablissaient la lentille oculaire dans toutes ses conditions normales, en ont inféré que la puissance des agents accommodateurs était affaiblie dans la myopie et accrue dans la presbytie. C'est là bien manifestement une erreur et une erreur d'autant plus inconcevable, que la première affection est une infirmité de la jeunesse, et la dernière une infirmité de la vieillesse; que, de plus, le champ de la vision nette du myope, armé de ses lunettes, est plus étendu qu'à l'état normal, et celui du presbyte, au contraire, plus restreint.

Il résulte encore des déplacements imprimés au centre optique oculaire par les verres divergents et convergents, un phénomène facile à prévoir : c'est que les objets sont vus sous des dimensions apparentes, différentes suivant qu'on les regarde à l'œil nu, à travers un verre convergent ou à travers un verre divergent; c'est que le myope voit les corps plus gros à l'œil nu qu'avec ses lunettes, et que le presbyte, au contraire, les voit plus gros avec ses lunettes qu'à l'œil nu. Ce phénomène, disons-nous, est la conséquence de l'influence des verres convergents ou divergents sur la position du centre optique oculaire, et, par conséquent, sur la grandeur des images rétiniennes. Telle n'est pas l'opinion de M. Giraud-Teulon.

«À travers le verre concave, dit-il, l'objet est vu comme s'il avait marché d'une certaine quantité vers l'observateur, sans que pour cela l'angle visuel ait été modifié. Dès lors, l'objet *vu plus près,* sous un angle visuel constant, paraîtra nécessairement plus petit...

«L'effet du verre convexe est le même qui serait obtenu si l'on éloignait l'objet sans diminuer son angle visuel; or, le verre convexe éloigne la distance virtuelle de l'objet, sans changer l'angle visuel. S'il y a une notion de grandeur précédemment acquise, l'objet paraîtra donc plus grand que ne le jugeait précédemment l'observateur. L'angle visuel ne variant pas dans cette circonstance, à un même angle visuel correspondront donc, à deux distances différentes, d'une part un certain objet, de l'autre son image virtuelle. Or, ces deux images sous-tendent un même angle au fond de l'œil, la plus éloignée paraîtra donc grandie. On sait, en effet, qu'un même objet qui s'éloigne, sous-tend en s'éloignant des angles de plus en plus petits.....

« On pourrait bien dire ici que l'angle visuel réel augmente dans le second cas et diminue dans le premier, le centre optique de l'œil étant situé plus loin de l'objet et de l'image que le centre du verre de lunette, ce qui ajouterait d'ailleurs à la puissance des arguments qui précèdent; mais cette différence est assez minime pour être négligée, et la question se comprend mieux dans son état de simplicité. La réalité ne ferait qu'ajouter un peu aux conséquences exprimées, sans altérer le sens de leur signification. » (*Physiologie et pathologie fonctionnelle de la vision binoculaire*, p. 375.)

Ainsi, la cause principale du phénomène est, pour M. Giraud-Teulon, le rapprochement virtuel des objets par le verre concave, et leur éloignement par le verre convexe; la diminution de leur angle visuel par la lentille divergente et l'augmentation de cet angle par la lentille convergente sont nulles ou négligeables. Pour nous, au contraire, le phénomène est dû principalement, sinon exclusivement, à la dernière cause.

Nous ferons d'abord remarquer que l'effet des verres concaves n'est pas seulement de réduire les dimensions apparentes des objets, et celui des verres convexes de les amplifier. En même temps que les corps sont rapetissés, les petits détails en sont masqués, et, en même temps qu'ils sont grossis des détails, auparavant imperceptibles, sont rendus visibles. Et ce n'est point là un résultat équivoque, difficile à constater, sur la réalité duquel on puisse élever des doutes; il est, au contraire, frappant, tant il est tranché, pour peu que la lentille employée soit forte, et il est loisible à chacun de le vérifier.

Pour cela, on prend un verre soit divergent, soit convergent, et d'une certaine puissance, de 8 pouces de foyer par exemple. Supposons qu'on choisisse un verre concave.

On se place en face d'un objet situé à une distance moyenne, d'une affiche, par exemple, éloignée de quelques mètres ; on la regarde alternativement à l'œil nu et à travers le verre concave, en ayant soin d'accommoder chaque fois son cristallin à la divergence des rayons de l'objet observé, incidents à la cornée, de sorte à toujours voir celui-ci nettement. Or, à l'œil armé on ne peut distinguer des mots qu'on lit sans peine à l'œil nu et qu'on pourrait lire de cette dernière manière à une distance double ou triple. Ce résultat aurait-il lieu sans la réduction de leurs images rétiniennes ? Certainement non.

Voici évidemment ce qui se passe. Lorsque, voyant nettement les lettres de l'affiche, nous plaçons un verre concave devant notre œil, le centre optique oculaire est rapproché de la rétine (v. p. 33) et les images qu'elles dessinent sur cette membrane, réduites en proportion de la force de la lentille ; le foyer oculaire est aussi déplacé dans le même sens, et, par conséquent, le champ des objets simultanément distincts est transporté au delà de l'affiche. Pour réapercevoir celle-ci distinctement, il nous faut accroître la convergence de notre cristallin ; nous rapprochons donc encore le centre optique de la rétine et nous diminuons de nouveau l'image rétinienne de l'objet observé.

Si, en faisant cette expérience on fait varier la distance du verre concave à l'œil, on remarque que l'objet observé se rapetisse à mesure qu'on éloigne la lentille et qu'il s'agrandit à mesure qu'on la rapproche. Dans le premier cas, l'image virtuelle s'éloigne rapidement de l'œil et le centre optique se rapproche de la rétine ; c'est l'inverse qui a lieu dans le second cas ; or, si le rapetissement des objets était dû à leur rapprochement virtuel vers l'œil, et non au rapprochement du centre optique vers la rétine, c'est évidemment l'effet contraire qu'on devrait observer.

Supposons maintenant que le verre employé soit convexe. En le plaçant très-près de sa cornée et en regardant un corps situé à peu près au foyer de la lentille, on aperçoit une foule de détails qu'on ne pourrait distinguer sans le secours de celle-ci. C'est là un fait d'une notoriété vulgaire ; personne n'ignore que la loupe rend visibles des objets imperceptibles à l'œil nu. En serait-il ainsi, sans l'implification de leurs images rétiniennes ? cela est impossible.

Plus le foyer d'une loupe est court, plus elle grossit les objets placés en ce point ; or ceux-ci sont toujours virtuellement situés à l'infini, mais l'image qu'ils peignent sur la rétine est d'autant plus grande que l'instrument est plus puissant.

Si on éloigne peu à peu la lentille de son œil, les objets situés un peu au-delà de son foyer (et qu'on peut rendre distincts en interposant entre le verre convergent et sa cornée une carte percée d'un trou d'épingle), ces objets grossissent considérablement à mesure qu'ils se rapprochent du foyer principal. Si, fixant la lentille, on écarte peu à peu son œil de celle-ci, les objets situés dans le voisinage du foyer s'élargissent d'une manière notable. Or, la distance virtuelle des objets amplifiés diminue dans le premier cas et reste sensiblement la même dans le second ; leur amplification apparente provient donc de ce que l'étendue de leurs images rétiniennes est augmentée.

En suivant la gradation apparente des dimensions des objets, à mesure que le verre concave se rapproche de l'œil et leur dégradation à mesure que s'en rapproche le verre convexe, nous nous demandons si la cause invoquée par M. Giraud-Teulon a réellement une certaine influence ; s'il y aurait rapetissement sans déplacement du centre optique oculaire, c'est-à-dire, dans le cas où l'on pourrait reculer assez la lentille pour faire coïncider son centre optique avec celui de l'œil, et où ce dernier ne changerait pas de place dans l'acte de l'accommodation.

Que le volume apparent des objets dans cette hypothèse, c'est-à-dire dans le cas de la coïncidence du centre optique de la lentille avec le centre optique oculaire et de l'immobilité de ce dernier, fut ou non changé, une chose bien certaine, c'est que les détails perceptibles à l'œil nu le seraient également à travers un verre concave, et que les détails imperceptibles à l'œil nu ne seraient pas rendus visibles par un verre convexe. Oui ! la loupe la plus grossissante ne rend visibles des détails invisibles sans son secours, que parce que son centre optique est situé en avant de celui de l'œil ; s'il coïncidait avec celui-ci et le suivait dans ses déplacements, les plus petits objets perceptibles seraient les mêmes dans les deux cas, en négligeant toutefois la légère amplification due aux changements de position du centre optique oculaire, par le fait seul de l'augmentation de la convexité du cristallin, et en supposant que la limite antérieure de la vision distincte soit, dans le second cas reculée par un trou d'épingle, jusqu'au point où la placerait le verre convergent. La raison en est bien simple ; les images rétiniennes auraient la même grandeur, que les objets fussent vus avec ou sans la loupe.

Un autre argument en faveur de notre manière de voir, c'est le mécanisme de la lunette de Galilée ; on sait qu'elle grossit les objets quand on les regarde par le petit bout et qu'elle les rapetisse lorsqu'on les regarde par le gros bout.

Lorsque nous regardons très-loin, notre cristallin est aussi aplati que possible, et le champ des objets simultanément distincts s'étend depuis une certaine divergence des rayons incidents jusqu'à une légère convergence de ceux-ci. Si donc nous regardons, par le petit bout d'une lorgnette, un objet très-éloigné, dont les rayons incidents à notre cornée soient conséquemment à peu près parallèles, en prenant la précaution de maintenir notre dilatateur ciliaire dans son état de contraction extrême pendant tout le temps de l'expérience, et en variant la distance des deux verres, de manière que le corps en observation soit d'abord aussi agrandi, et puis aussi réduit que possible, sans cesser d'être vu distinctement, ses rayons émergents de l'appareil passent successivement par tous les degrés de convergence, de parallélisme et de divergence des différents points du champ des objets simultanément distincts reculé à son maximum de distance. Son éloignement virtuel est donc, dans un certain nombre de positions relatives des deux verres, inférieur à son éloignement réel. Or, dans chacune d'elles, son volume apparent est considérablement amplifié. Son grossissement ne provient donc pas de l'augmentation de sa distance. Il faut donc bien que son angle visuel se soit accru; que le centre optique du système formé par les verres de la lunette et la lentille de l'œil soit située plus loin de la rétine que le centre optique oculaire considéré isolément; que celui-ci soit beaucoup plus avancé par la lentille convexe qu'il n'est reculé par la lentille concave; que l'image rétinienne soit plus amplifiée par la première qu'elle n'est réduite par la seconde. Or, si un verre convexe placé à $0^m,10$ ou $0^m,12$ de l'œil comme l'est celui de sa lorgnette, porte si fortement le centre optique oculaire en avant; ce même verre placé à $0^m,01$ ou $0^m,02$, comme l'est celui d'une bésicle, ne peut que l'avancer d'une manière notable.

Lorsqu'on regarde par le gros bout, le verre concave recule le centre optique oculaire beaucoup plus que ne l'avance le verre convexe; placé à $0^m,01$ ou $0^m,02$ de l'œil, il le reculera nécessairement d'une manière très-sensible.

La lunette de spectacle grossit ou rapetisse les objets suivant la manière dont on s'en sert, non parce qu'elle les déplace virtuellement, mais parce qu'elle augmente ou diminue leur angle visuel, parce qu'elle éloigne ou rapproche le centre optique oculaire de la rétine. Or, quand un œil normal devient myope ou presbyte, et qu'on lui annexe un verre concave ou convexe, n'est-ce point comme si on plaçait dans le premier cas, devant cet œil normal, une lorgnette dans la position où elle jouit d'un pouvoir réducteur, et dans le deuxième cas une lorgnette dans la position où elle jouit d'un pouvoir amplificateur, avec cette seule différence, que la modification éprouvée par l'œil et la lentille correctrice de cette modification reculent ou avancent l'une et l'autre le centre optique oculaire, tandis que les deux verres le déplacent inégalement en sens contraire.

Concluons donc qu'en même temps qu'ils ramènent le foyer oculaire à sa position normale, les verres lenticulaires diminuent la distance du centre optique à la rétine s'ils sont divergents, et l'augmentent s'ils sont convergents.

Ce n'est pas tout. Les premiers rapprochent le centre lenticulaire de la rétine, et éloignent, par conséquent, l'une de l'autre les limites de la vision nette ; les seconds, au contraire, éloignent le centre lenticulaire de la rétine et rapprochent, par conséquent, l'une de l'autre les limites du champ des objets distincts. Pour s'en convaincre, on n'a qu'à se reporter au § 1er de la 2e partie. Le myope doit donc voir avec ses lunettes, plus près dans l'air seul et plus loin à travers une loupe, qu'une personne bien conformée à l'œil nu ; le presbyte au contraire, doit voir moins près dans le premier cas, et moins loin dans le second. C'est en effet ce qui a lieu ; on peut facilement le constater sur soi-même.

Si on place devant son œil un verre convergent, et qu'ensuite on mette, à une certaine distance de celui-ci, un verre divergent de force telle que la limite antérieure de la vision nette conserve sa position, on remarque, en regardant à travers une loupe, qu'on voit nettement plus loin qu'en n'interposant pas les deux premières lentilles. Si au contraire, on met devant son œil un verre divergent d'abord, et un peu plus loin un verre convergent, en les choisissant d'une force telle que la limite antérieure de la vision distincte ne soit pas déplacée, on voit moins loin au delà de la loupe que sans les deux premières lentilles.

Quand on regarde par le petit bout d'une lorgnette ajustée à la vision des objets éloignés, on ne voit nettement ni aux distances moyennes, ni aux distances rapprochées ; si elle est ajustée à une distance moyenne on n'aperçoit distinctement ni les corps lointains, ni les corps rapprochés. Lorsqu'au contraire on regarde par le gros bout, on peut voir d'une manière parfaitement nette, depuis l'instrument jusqu'à l'infini.

On comprend sans peine comment ces expériences confirment notre assertion. Dans chacune d'elles, on a devant l'œil un verre convexe, faisant fonction d'une loupe dont l'action convergente est considérablement amoindrie par l'action divergente d'une lentille concave. Celle-ci ne se borne pas à éloigner l'un de l'autre les deux foyers principaux de la lentille convexe; elle en refoule le cèntre optique et le centre lenticulaire du côté opposé au sien (voir p. 44), de sorte que, lorsqu'elle représente l'oculaire de l'appareil, ces deux points sont situés à une distance plus ou moins grande en avant de l'œil, tandis que lorsqu'elle en constitue l'objectif, ils sont situés en arrière. Dans le premier cas, le centre optique et le centre lenticulaire du système formé par les verres et les milieux de l'œil, sont placés en avant des mêmes points de la lentille oculaire considérés isolément; dans le second, ils sont situés en arrière. Dans l'un, le centre optique et le centre lenticulaire de l'œil sont avancés; ils sont reculés dans l'autre. Dans celui-là, la distance focale oculaire et la distance du centre optique oculaire à la rétine sont augmentées; elles sont diminuées dans celui-ci. Donc, dans le premier cas, le champ des objets distincts doit être plus restreint, et ceux-ci doivent être vus sous de plus grandes dimensions qu'à l'œil nu; dans le second cas, le champ des corps distincts doit être plus étendu, et ceux-ci doivent être vus sous de moindres dimensions que sans le secours d'aucune lentille.

De ce que nous avons dit dans ce paragraphe, il résulte que les verres convergents conviendraient surtout aux cas où il y aurait à la fois téléopie, macropie, et puissance excessive de l'accommodation, et les verres divergents aux cas où il y aurait engyopie, micropie, et faiblesse de l'accommodation.

Nous terminerons en relevant une autre erreur de M. Giraud-Teulon.

« Nous avons lu quelque part, dit-il, que le presbyte peut ou doit se servir de ses verres convergents, non comme loupe, mais simplement comme moyen d'*augmenter la convergence* des rayons incidents à la cornée.

« Ceux qui ont énoncé cette proposition ne se rendaient pas un

cómpte parfaitement exact de la manière d'agir du verre convexe.....

« Un verre convexe, en effet, ne peut servir efficacement à sou-
lager la vue d'un presbyte, qu'à la condition d'être employé comme
loupe, c'est-à-dire de n'être appliqué qu'à des objets moins éloignés
que le foyer principal. A une distance supérieure à la distance
focale, les rayons émergents sortiraient du verre à l'état de convergence. Reçus alors sous un angle aigu par l'appareil cristallinien
du sujet, les faisceaux émanés de chaque point seraient concentrés
par lui entre son propre foyer et le cristallin ; et la vision nette ne
serait plus possible, si ce n'est dans l'unique cas de l'hypermé-
tropie. » (*Physiologie et pathologie fonctionnelle de la vision binoculaire*, p. 376.)

Comment! un presbyte dont les lunettes ont 25, 15, 10 ou
5 pouces de foyer (tous verres dont font usage les presbyopes et
non les hypermétropes) ne voit nettement qu'en deçà de cette distance ! Pour s'assurer du contraire, on n'a qu'à interroger le premier presbyte venu sur la manière dont il aperçoit les objets éloignés, à l'aide de lunettes appropriées, c'est-à-dire donnant au foyer
principal de ses yeux la position qu'il a dans des yeux normaux,
ou l'engager à regarder, en se servant de ces dernières, à travers
une loupe. On reconnaîtra qu'il voit distinctement, depuis un point
situé un peu au delà de la limite antérieure de la vision nette normale jusqu'à un autre point placé un peu en deçà de la limite postérieure. (Si le champ de la vision distincte est un peu moins étendu
chez lui que chez une personne à vue ordinaire, c'est parce que les
verres convergents, ainsi que nous l'avons dit, portent légèrement
en avant le centre lenticulaire de l'œil.)

M. Giraud-Teulon a été évidemment conduit à cette conclusion
erronée par ses idées sur la nature de la presbyopie. Il considère
en effet les yeux presbytes comme étant, pendant le plus grand
aplatissement possible du cristallin, accommodés aux distances

éloignées, c'est-à-dire au parallélisme des rayons incidents à la cornée. Pour lui, cette infirmité ne consiste que dans l'affaiblissement du muscle ciliaire, «impuissant à tirer le cristallin de sa situation d'indifférence convenable pour les objets distants, et de le mettre en rapport harmonique avec les objets rapprochés» (*Physiologie et pathologie fonctionnelle de la vision binoculaire*, p. 352). Ses vues sur la manière d'agir des verres convexes dans la presbytie sont la conséquence forcée de ses idées sur la nature de cette affection; malheureusement l'observation n'est pas moins en désaccord avec les unes qu'avec les autres (voir p. 89).